高等学校新工科计算机类专业系列教材

数据结构

主　编　张惠涛　刘智国
副主编　潘刚柱　邓玉娟　赵晓玲　贾　贝
　　　　李世武　郭建方
参　编　康家慧　焦旭平　王井阳　张昆鹏

西安电子科技大学出版社

内 容 简 介

本书采用 C 语言作为数据结构和算法的描述语言。全书共 9 章，主要介绍了线性表、栈和队列、串、数组和广义表、树和二叉树、图、查找和排序等内容。本书内容全面、实用性强、讲解透彻，除了专业知识，还渗透了一些思政元素，以达到立德树人的目的。

本书主要面向高等院校计算机软件工程、计算机科学与技术、人工智能、物联网、信息安全等专业的学生，旨在开拓学生的编程思想，为后面学习操作系统、计算机网络、数据库原理、高级编程语言、软件工程、人工智能导论等课程奠定基础。

图书在版编目（CIP）数据

数据结构 / 张惠涛，刘智国主编. -- 西安：西安电子科技大学出版社，2025.2 (2025.8 重印). -- ISBN 978-7-5606-7547-3

Ⅰ. TP311.12；TP312.8

中国国家版本馆 CIP 数据核字第 2024780CK0 号

策　　划　刘小莉　薛英英
责任编辑　刘小莉
出版发行　西安电子科技大学出版社（西安市太白南路 2 号）
电　　话　（029）88202421　88201467　　　邮　　编　710071
网　　址　www.xduph.com　　　　　　　　电子邮箱　xdupfxb001@163.com
经　　销　新华书店
印刷单位　咸阳华盛印务有限责任公司
版　　次　2025 年 2 月第 1 版　　　　　2025 年 8 月第 2 次印刷
开　　本　787 毫米×1092 毫米　1/16　　印　张　13.5
字　　数　315 千字
定　　价　39.00 元
ISBN 978-7-5606-7547-3
XDUP 7848001-2

*** 如有印装问题可调换 ***

前　言

　　数据结构是计算机程序设计的重要理论基础，对于培养计算机专业学生的基本素养及计算机应用能力具有重要意义。数据结构是计算机存储和组织数据的方式，掌握数据结构有助于更好地理解计算机系统的运行原理，从而更高效地编写代码和优化程序。数据结构是算法设计和分析的基础，学习数据结构有助于理解不同算法之间的区别，从而在特定问题中选择最优的算法和数据结构组合。学习数据结构，可以掌握解决问题的基本工具和方法，从而在实际应用中更加游刃有余。数据结构课程强调逻辑思维和抽象思维能力，要求将复杂问题简化为可计算的数据模型，是计算机科学领域许多高阶课程(如操作系统、编译原理、数据库等)的基础，掌握数据结构有助于更好地理解这些课程中的概念和原理，并为进一步的学习和研究打下坚实的基础。

　　本书的目的是培养学生的算法设计能力，提高抽象思维能力，为后续课程打下坚实基础。本书的特色是内容丰富、全面，理论与实践相结合、易于理解，同时配备丰富的习题，鼓励自主学习和创新。本书融合了思政元素，能够让学生在掌握知识的同时，树立正确的世界观、人生观和价值观。

　　本书是由教学团队在总结多年教学经验的基础上编写的，共 9 章。第 1 章为绪论，介绍了数据结构的基本概念，针对考研内容还讲解了时间复杂度的计算过程。第 2 章为线性表，以顺序存储结构和链式存储结构这两种存储方式为例介绍了线性表的基本操作，并详细介绍了单链表成绩管理系统的完整算法，让学生能深入理解单链表的应用。第 3 章为栈和队列，分别介绍了这两种特殊线性结构的概念、存储结构和应用。第 4 章为串，介绍了串的基本概念和模式匹配算法。第 5 章为数组和广义表，介绍了数组、稀疏矩阵、广义表的概念及各种运算算法的实现过程。第 6 章为树和二叉树，介绍了树和二叉树的基本概念与不同的存储方式及各种运算算法的实现过程、二叉树的遍历及构造、二叉树与树和森林之间的转换，重点介绍了哈夫曼树的构造及编码过程。第 7 章为图，介绍了图的概念及图的各种运算算法的实现过程，重点介绍了最小生成树算法及最短路径算法的求解过程。第 8 章为查找，介绍了线性表、树表、哈希表的查找思想及算法的实现过程。第 9 章为排序，介绍了插入排序、交换排序、选择排序的排序思想及算法的实现过程。

　　本书由教学团队合作完成编写，团队人员包括张惠涛、刘智国、潘刚柱、邓玉娟、赵晓玲、贾贝、李世武、郭建方、康家慧、焦旭平、王井阳、张昆鹏等。本书内容丰富、实例讲解详细、语言通俗易懂。

　　在编写本书的过程中，教学团队成员参阅了大量其他同类教材及文献资料，在此对相关作者表示衷心的感谢。由于编者水平有限，书中不当之处在所难免，恳请读者批评指正。

编　者

2024 年 7 月

目录
CONTENTS

第1章 绪论..1

  1.1 数据结构的定义..1

    1.1.1 逻辑结构..2

    1.1.2 存储结构..6

    1.1.3 数据运算..9

  1.2 算法和算法分析..9

    1.2.1 算法..9

    1.2.2 算法分析..10

  本章小结..14

  习题..14

第2章 线性表..18

  2.1 线性表的定义和操作..18

    2.1.1 线性表的定义..18

    2.1.2 线性表的基本操作..18

  2.2 线性表的顺序表示..19

    2.2.1 顺序表的定义..19

    2.2.2 顺序表上基本操作的实现..20

    2.3.3 顺序表的应用举例..25

  2.3 线性表的链式表示..27

    2.3.1 单链表的定义..27

    2.3.2 单链表上基本操作的实现..28

    2.3.3 单链表的应用举例..37

    2.3.4 双链表..46

  2.4 有序表..47

  本章小结..50

  习题..50

第3章 栈和队列..55

  3.1 栈..55

    3.1.1 栈的相关概念及基本运算..55

    3.1.2 栈的顺序存储结构..56

    3.1.3 栈的链式存储结构..59

    3.1.4 栈的应用举例..66

  3.2 队列..68

    3.2.1 队列的相关概念及基本运算..68

3.2.2 队列的顺序存储结构 69
3.2.3 队列的链式存储结构 72
3.2.4 环形队列 77
3.2.5 队列的应用举例 80
本章小结 82
习题 82

第4章 串 85
4.1 串的基本概念及抽象数据类型基本运算 85
4.1.1 串的基本概念 85
4.1.2 串的抽象数据类型基本运算 85
4.2 串的存储结构及基本运算 86
4.2.1 串的顺序存储结构及基本运算 86
4.2.2 串的链式存储结构及基本运算 90
4.3 串的模式匹配 96
4.3.1 Brute Force 算法 97
4.3.2 KMP 算法 99
4.3.3 模式匹配的实际应用举例 102
本章小结 104
习题 104

第5章 数组和广义表 106
5.1 数组 106
5.1.1 数组的基本概念 106
5.1.2 数组的存储结构 106
5.2 矩阵的压缩存储 108
5.2.1 特殊矩阵 108
5.2.2 稀疏矩阵 110
5.3 广义表 113
5.3.1 广义表的定义 113
5.3.2 广义表的存储 115
5.3.3 广义表的运算 115
本章小结 118
习题 118

第6章 树和二叉树 119
6.1 树的基本概念 119
6.1.1 树的定义 119
6.1.2 树的基本术语 120
6.1.3 树的存储结构 121
6.1.4 树的遍历 123
6.2 二叉树 123

6.2.1 二叉树的定义 123

6.2.2 二叉树的性质 124

6.2.3 二叉树的存储结构 125

6.2.4 二叉树的基本运算及实现 127

6.3 遍历二叉树 129

6.4 二叉树与树、森林之间的转换 133

6.4.1 树、森林转换成二叉树 133

6.4.2 二叉树还原成树、森林 134

6.5 哈夫曼树及其应用 135

6.5.1 哈夫曼树的定义 135

6.5.2 哈夫曼树的构造 136

6.5.3 哈夫曼编码 138

本章小结 140

习题 140

第7章 图 142

7.1 图的定义和术语 142

7.1.1 图的定义 142

7.1.2 图的基本术语 142

7.2 图的存储结构 146

7.2.1 邻接矩阵 146

7.2.2 邻接表 147

7.3 图的遍历 148

7.3.1 深度优先搜索遍历 148

7.3.2 广度优先搜索遍历 150

7.4 最小生成树 151

7.4.1 生成树的相关概念 151

7.4.2 普里姆(Prim)算法 152

7.4.3 克鲁斯卡尔(Kruskal)算法 154

7.5 有向无环图的应用 158

7.5.1 拓扑排序 158

7.5.2 关键路径 159

7.6 最短路径 161

7.6.1 单源最短路径问题：Dijkstra 算法 162

7.6.2 多源最短路径问题：Floyd 算法 166

本章小结 171

习题 171

第8章 查找 173

8.1 查找的相关概念 173

8.2 线性表的查找 174

8.2.1 顺序查找 175

8.2.2 折半查找 175

8.2.3 分块查找 177

8.3 树表的查找 179

8.4 哈希表的查找 185

8.4.1 哈希表的相关概念 185

8.4.2 构造哈希函数的方法 186

8.4.3 处理冲突的方法 187

本章小结 190

习题 190

第9章 排序 192

9.1 排序基本概念 192

9.2 插入排序 193

9.2.1 直接插入排序 193

9.2.2 折半插入排序 194

9.3 交换排序 195

9.3.1 冒泡排序 195

9.3.2 快速排序 198

9.4 选择排序 199

9.4.1 简单选择排序 199

9.4.2 堆排序 200

本章小结 204

习题 205

参考文献 207

第1章

绪　论

设计算法类似于写作文，在 C 语言程序设计等课程中学习过的内容好比已经学习了写作的语法及词汇，然而，即使掌握了相同的语法和词汇，每个人的作文也风格迥异，当然用同样的语言写出来的算法也各不相同，有的算法效率高，有的算法效率低。如何利用所学的知识提高算法效率，在算法中找到较优的方法以解决日常生活中遇到的问题，是我们学习数据结构的目的。

数据结构研究的是用算法实现数据处理的方法。无论是设计复杂的系统软件还是简单的应用软件，都会用到数据结构，所以"数据结构"这门课程是学习 C 语言程序设计课程后的进阶课程，是计算机专业学生学习操作系统、编译原理、嵌入式系统等专业课程的基础，扎实地掌握数据结构的基本知识对后面课程的学习有很大帮助。

1.1　数据结构的定义

在介绍数据结构的定义之前，先了解以下几个基本概念。

· 数据：从计算机的角度来看，数据是所有能被输入计算机中且能被计算机处理的符号的集合。它是计算机操作对象的总称，也是计算机处理信息的某种特定的符号表示形式。

· 数据元素：是数据中的一个个体，也是数据的基本单位。在计算机中通常将数据元素作为一个整体来进行考虑和处理。

· 数据项：一个数据元素可以由多个数据项组成。数据项是具有独立含义的数据的最小单位。

数据、数据元素、数据项的关系类似于表、元组、属性之间的关系，不过表、元组、属性之间具有确定的关系，而数据、数据元素、数据项之间只有层次关系，没有具体的关系。

· 数据结构：是指数据以及数据相互之间的联系，可以看成相互之间具有某种特定关系的数据元素的集合，因此，可以把数据结构看成带结构的数据元素的集合。

我们用计算机解决现实生活中遇到的一些问题，通常采用的步骤是：① 将问题归纳整理，把用到的信息汇总到一个表格里；② 根据不同编程语言的语法规则，将表格中的内容变成一种结构；③ 通过算法规则，对结构进行增删等数据处理操作。

数据元素之间的逻辑关系称为数据的逻辑结构。

数据元素及其关系在计算机存储器中的存储方式称为数据的存储结构，也称为数据的物理结构。

施加在该数据上的操作称为数据的运算。

所以，数据结构由三个部分组成：逻辑结构、存储结构、数据运算。

数据的逻辑结构是从逻辑关系上描述数据(主要是相邻关系，比如栈、队列、链表等)，它与数据的存储无关，是独立于计算机的。因此，数据结构可以看作从具体问题中抽象出来的数学模型。

数据的存储结构是逻辑结构用计算机语言的实现(逻辑结构在计算机存储中的映像)，它是依赖于计算机语言的。

数据的运算是定义在数据的逻辑结构上的，每种逻辑结构都有一组相应的运算。最常用的运算有检索(查找)、插入、删除、更新、排序等。

对于一种数据结构，其逻辑结构总是唯一的，但它可以对应多种存储结构，并且在不同的存储结构中，同一运算的实现过程可能不同。

1.1.1 逻辑结构

逻辑结构用来描述数据元素间的逻辑关系，是一个抽象的概念，与数据的实际存储无关，独立于计算机存在。

1. 逻辑结构的表示

逻辑结构有多种表示方式，常见的有图表表示和二元组表示。

1) 图表表示

图表表示就是采用表格的形式描述数据结构的逻辑关系，是比较直观的表示方式。

例如，一个 C 语言程序设计学生成绩表如表 1.1 所示。这个表的数据元素由 3 个数据项(即学号、姓名、成绩)组成。从逻辑上看，学号 1001 的元素与学号 1002 的元素是相邻的，而学号 1003 和学号 1005 的元素是不相邻的。学生成绩记录之间的相邻关系构成了数据的逻辑结构。

表 1.1　C 语言程序设计学生成绩表

学号	姓名	成绩
1001	张梦	87
1002	李华	96
1003	陈烨	95
1004	张强	89
1005	赵娟	78
1006	王生	90

表 1.1 中的学号能够唯一标识数据元素，这种逻辑结构可以采用顺序结构的图形表示，如图 1.1 所示。

图 1.1　学生成绩表的图形表示

2) 二元组表示

数据的逻辑结构还有一种二元组表示法：

$$B = (D，R)$$

其中，B 是数据结构；D 是数据元素的集合；R 是 D 中二元关系的集合。

在上面这种二元组表示方法中，B 就是一种数据结构，是由数据元素的集合 D 和 D 中的二元关系的集合 R 组成的。下面举例说明。

表 1.1 的逻辑关系可以定义为如下数据结构：

C_Score(D,R)

D={1001，1002，1003，1004，1005，1006}

R={r}

r={<1001，1002>，<1002，1003>，<1003，1004>，<1004，1005>，<1005，1006>}

r 中的任一序偶如<1001，1002>(1001，1002∈D)，表示元素 1001 和 1002 之间是相邻的，尖括号表示元素间是具有方向性的，即 1001 为 1002 的前驱元素，1002 为 1001 的后继元素。

如果用圆括号表示二元组元素之间的关系，则称为对称序偶，即用图形表示逻辑关系时的连线不带箭头。

【例 1.1】 根据如下二元组表示，画出其逻辑结构图形，如图 1.2 所示。

B1 = (D，R)

D = {a，b，c，d，e，f，g，h，i，j}

R = {r}

r = { <a，b>，<b，c>，<a，d>，<b，e>，<c，f>，<c，g>，<d，h>，<d，i>，<d，j> }

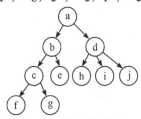

图 1.2　逻辑结构图示

2. 逻辑结构的类型

我们在日常生活中会遇到各种问题，这些问题可以通过不同的逻辑结构来总结和分析，以下是一些常见的逻辑结构。

1) 集合结构

数据元素之间除了同属一个集合外没有任何关系，这里不作过多讨论。

2) 线性结构

若结构是非空集，则有且仅有一个开始结点和一个终端结点，并且所有结点都最多只有一个直接前驱和一个直接后继。简单地说，就是数据之间是一对一的关系。这种逻辑结构有线性表、栈、队列、串等。

(1) 线性表。

线性表是 n 个具有相同特性的数据元素的有限序列。线性表中的数据元素之间是一对一的关系，即除了首尾数据元素外，其他数据元素都是首尾相接的。线性是指逻辑层次上的线性，不考虑存储层次，双链表和循环链表也是线性表。

单链表：除了首尾数据元素外，其他数据元素都是首尾相接的。

线性表图形结构逻辑表示如图 1.3 所示。

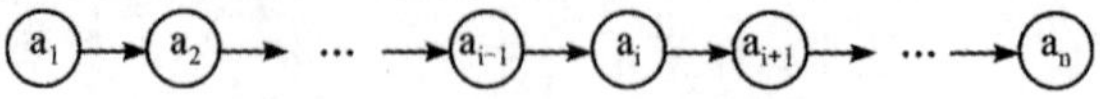

图 1.3　线性表图形结构逻辑表示

(2) 栈。

栈只能从表的一端存取数据，另一端是封闭的。在栈中存/取数据时，必须遵循"先进后出"的原则，即最先进栈的元素最后出栈。开口端称为栈顶，距离栈顶最近的元素称为栈顶元素，封口端称为栈底，相应的有栈底元素。向栈中添加元素称为"进栈/入栈/压栈"，从栈中提取指定元素称为"出栈/退栈"。

栈有顺序栈和链栈两种实现方式，区别仅仅是数据元素在实际物理空间上存放的相对位置，顺序栈底层采用的是数组，链栈底层采用的是链表。

栈图形结构逻辑表示如图 1.4 所示。

```
数据进栈  →
                 ┌────────────┬───┬───┬───┬───┐
                 │    ...     │ 4 │ 3 │ 2 │ 1 │
          ←      └────────────┴───┴───┴───┴───┘
数据出栈
```

图 1.4　栈图形结构逻辑表示

(3) 队列。

在队列中，进数据的一端为"队尾"，出数据的一端为"队首"，进队过程称为"入队"，出队过程称为"出队"。队列遵循"先进先出"的原则。队列存储结构的实现方式有顺序队列和链队列两种。

队列图形结构逻辑表示如图 1.5 所示。

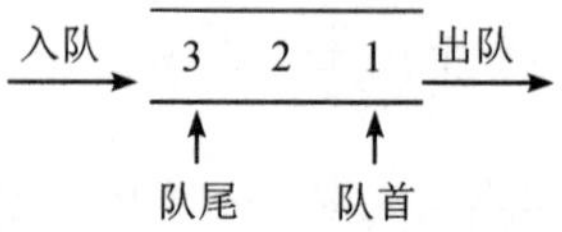

```
入队   ┌───────────┐   出队
       │  3   2   1 │
       └───────────┘
         ↑       ↑
        队尾    队首
```

图 1.5　队列图形结构逻辑表示

(4) 串。

串指字符串，数据元素仅由一个字符组成，字符串本身是由零个或多个字符组成的有限序列。例如，串可以记为 S1="SHANG"，其中 S1 是串名，引号内的字符序列为串值，引号本身不属于串的内容。

3) 非线性结构

非线性结构中一个结点可能有多个直接前驱和直接后继。这种逻辑结构有数组、广义表、树(一对多)、图(多对多)等。

(1) 数组。

顺序表、链表、栈和队列存储的都是不可再分的数据元素(如数字 5、字符 'a' 等)，而数组既可以用来存储不可再分的数据元素，也可以用来存储顺序表、链表这样的数据结构。数组可以直接存储多个顺序表。

二维数组理解为存储一维数组的一维数组。

n 维数组理解为存储 n-1 维数组的一维数组。

数组图形结构逻辑表示如图 1.6 所示。

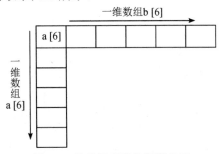

图 1.6　数组图形结构逻辑表示

(2) 广义表。

数组可以存储不可再分的数据元素，也可以继续存储数组，但是两种数据存储形式不会出现在同一数组中。例如，我们可以创建一个整形数组去存储{1，2，3}，也可以创建一个二维整形数组去存储{{1，2，3}，{4，5，6}}，但数组不适合用来存储类似{1，{1，2，3}}这样的数据，此时更适合用广义表。

广义表通常记作：LS = (a_1，a_2，…，a_n)，广义表中每个 a_i 既可以代表单个元素，也可以代表另一个广义表。广义表中存储的单个元素称为原子，而存储的广义表称为子表。当广义表不是空表时，称第一个数据(原子或子表)为表头，剩下的数据构成的新广义表为表尾。

(3) 树。

树存储的是具有"一对多"关系的数据元素的集合。

使用树结构存储的每一个数据元素都被称为"结点"。每一个非空树都有且只有一个被称为根的结点。如果结点没有任何子结点，那么此结点称为叶子结点(叶结点)。对于一个结点，拥有的子树的个数(结点有多少分支)称为结点的度(degree)。一棵树的深度(高度)是树中结点所在的最大层次。m(m≥0)个互不相交的树组成的集合被称为森林。

树图形结构逻辑表示如图 1.7 所示。

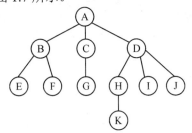

图 1.7　树图形结构逻辑表示

(4) 图。

图是一种更为复杂的非线性数据结构。图中存储的各个数据元素被称为顶点(而不是结点)。

图可细分两种表现类型，分别为无向图和有向图。有向图中，无箭头一端的顶点通常被称为"初始点"，箭头直线的顶点被称为"终端点"。对于有向图中的一个顶点 v 来说，箭头指向 v 的弧的数量为 v 的入度，箭头远离 v 的弧的数量为 v 的出度。

无向图和有向图图形结构逻辑表示分别如图 1.8 和图 1.9 所示。

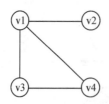
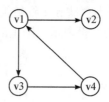

图 1.8　无向图图形结构逻辑表示　　　图 1.9　有向图图形结构逻辑表示

1.1.2　存储结构

通过上一小节逻辑结构内容的学习，我们了解了可以采用线性结构、树形结构、图形结构来描述客观世界中纷繁复杂的数据，这一小节将详细介绍这些数据在计算机中的存储。

存储结构就是逻辑结构在计算机存储器中的存储方式。有 4 种常用的存储结构：顺序存储结构、链式存储结构、索引存储结构、哈希存储结构。

1. 顺序存储结构

顺序存储结构是在内存中申请一组连续的存储单元来存放数据元素，类似于数组的存储方式，又与数组的存储方式不完全相同。下面以表 1.1 的 C 语言程序设计学生成绩表的存储结构为例进行说明。

```
typedef struct score
{
    int num;
    char name[10];
    int C_score;
}StuScore;
StuScore data[6];              // 定义学生成绩表的数组
typedef struct studentscore
{
    StuScore data[6];
    int length;
}Sq_score;              //顺序存储结构定义学生成绩表
```

采用顺序存储结构存储学生成绩表，在内存中的表示如图 1.10 所示，其中内存地址用十进制表示。

顺序存储结构的特点：顺序存储结构具有随机存储特性，也就是每个元素都对应一个数组变量，可以通过该数组变量直接获取对应元素的存储地址和元素值，所以顺序存储结构的存储效率高。同时，采用顺序存储结构时对元素的操作会给存储器带来额外的工作，如插入/删除一个元素操作，示例如图 1.11 所示(图中在 data[0]后面插入元素值 8)。

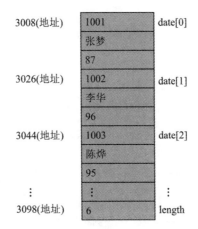

图 1.10　顺序存储学生成绩表在内存中的表示

结构体：

```
typedef struct student
{
    int data[6];
    int length;
}Stud;
Stud ss;
```

插入前：						
data[0]	data[1]	data[2]	data[3]	data[4]	data[5]	length
1	2	3	4	5		5
插入后						
data[0]	data[1]	data[2]	data[3]	data[4]	data[5]	length
1	8	2	3	4	5	6
删除data[1]元素值8：						
data[0]	data[1]	data[2]	data[3]	data[4]	data[5]	length
1	2	3	4	5	5	5

图 1.11　顺序存储结构插入/删除操作

　　顺序存储结构插入/删除操作过程描述：插入元素时，需要将插入位置处及后面的所有元素依次后移，然后修改插入位置处的元素值，并将 length 值加 1。删除元素时，需要将删除位置后面的元素依次前移，并将 length 值减 1。需要注意的是，最后内存空间中的值不变，只是由于 length 值修改了，最后位置的那个值就不是有效值了。

2. 链式存储结构

　　链式存储结构在内存中的存储单元是单独分配的，每个元素用一个内存结点存储，所有结点的地址不一定连续。每个结点由数据域和指针域构成，数据域为每个元素的值，指针域存放下一个结点的地址。以表 1.1 的 C 语言程序设计学生成绩表的存储结构为例说明。

```
typedef struct score
```

```
    {
        int num;
        char name[10];
        int C_score;
    }StuScore;
    typedef struct studentscore
    {
        StuScore data;
        struct studentscore * next;
    }LN_score;                  //链式存储结构定义学生成绩表
```

采用链式存储结构存储学生成绩表，在内存中的表示如图 1.12 所示，其中内存地址用十进制表示。

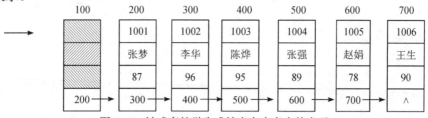

图 1.12　链式存储学生成绩表在内存中的表示

链式存储结构的特点：链式存储结构不具有随机存储特性，如果要查找某一个元素，需要通过指针遍历整个结点，直到找到该元素为止。同时，链式存储结构便于数据修改，如在某个元素前插入或删除元素时，不需要移动结点，只需修改相应结点对应的指针域地址即可。删除一个元素的操作示例如图 1.13 所示。

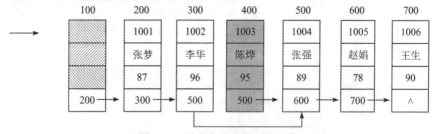

图 1.13　链式存储结构删除操作

链式存储结构删除操作过程描述：先定义一个指针指向要删除的结点，以免该结点在内存中丢失成为野指针，将所要删除的结点前面的指针域地址修改为要删除结点后面结点的地址，最后释放要删除的结点指针。

3. 索引存储结构

索引是为了加速检索而创建的一种存储结构。它是针对一个表而建立的，是由存放表的数据页面以外的索引页面组成的。每个索引页面中的行都包含逻辑指针，通过该指针可以直接检索到数据，这样就会加速物理数据的检索。例如，假设在学生成绩表的学号列上建立了一个索引，则在索引部分就有指向每个学号所对应的学生在存储位置中存储的姓名和 C 语言成绩信息。

通常，索引表中的所有索引项是按照关键字(能够唯一确定该条记录的数据项)有序排列的，这样就能在索引表中快速查找到该关键字的地址，然后再通过该地址去主数据表中找到对应的元素。索引存储结构的优点是查找效率高，缺点是需要额外创建索引表，增加了存储空间。

4. 哈希存储结构

哈希存储的基本思想是以关键字为自变量，通过一定的函数关系(散列函数或哈希函数)，计算出对应的函数值(哈希地址)，以这个值作为数据元素的地址，并将数据元素存入相应地址的存储单元中。

查找时再根据要查找的关键字采用同样的函数计算出哈希地址，然后直接到相应的存储单元中去取数据元素即可。哈希存储结构的优点是查找速度快，缺点是很难找到合适的哈希函数，处理冲突的过程复杂。

思政感悟：面对一种数据结构，既可以采用顺序存储也可以采用链式存储，但不能说哪一种存储结构更优秀。这是由特定的执行环境决定的，当需要快速查找到某一个元素时，顺序存储结构随机存储特性的优势就能体现出来，而当需要插入或删除一个元素时，链式存储结构不需要移动大量元素的特性就能体现出来。同样，生活中我们也不可能事事如意，总会有一些不愉快的事情发生，就像在大海上航行一样，既有平缓静适时，也有暗涛汹涌时。面对生活中的困难，我们也要从多角度去思考其解决的办法，条条大路通罗马。当无法走出困境的时候，要换个角度思考问题，转变思路，往往会"山重水复疑无路，柳暗花明又一村"。态度和思维方式能够决定一个人的格局，如果观念错误，就算付出再多的努力，也只能是枉然。在行动之前，必须认真思考，找出最恰当的方法，比较其优劣，就一定能解决困难，并使自己变得越来越优秀。

1.1.3　数据运算

先将现实中的数据分为几种逻辑结构，又以不同的存储结构将这些数据存入存储设备中，目的就是更好地处理这些数据。数据运算就是指对数据的处理操作，最常用的运算有查找、插入、删除等。

基于以上分析，逻辑结构、存储结构、数据运算构成了数据结构的定义，每一种数据结构，其逻辑结构总是唯一的。同一种逻辑结构可能对应多种存储结构，并且在不同的存储结构中同一运算的实现过程可能不同。

1.2　算法和算法分析

1.2.1　算法

1. 算法的定义

算法是对特定问题求解方法和步骤的一种描述，它是指令的有限序列。其中，每个指令表示一个或者多个操作。

算法的描述可以使用自然语言、英语、中文等；可以使用流程图、传统流程图、NS 流程图等；可以使用伪代码、类语言等；还可以直接使用程序代码，如 C 语言程序、JAVA 语言程序等。算法是解决问题的一种方法或者一个过程，考虑如何将输入转换成输出可以有多种算法。程序是使用某种程序设计语言对算法的具体实现。

2. 算法的特性

算法有如下几个特性。

- 有穷性：一个算法必须总是在执行有穷步之后结束，且每一步都在有穷时间内完成。
- 确定性：算法中的每一条指令必须有确切的含义，没有二义性，在任何条件下，只有唯一的一条执行路径，即对于相同的输入，只能得到相同的输出。
- 可行性：算法是可执行的，算法描述的操作可以通过已经实现的基本操作执行有限次来实现。
- 输入：一个算法有零个或者多个输入。
- 输出：一个算法有一个或者多个输出。

3. 算法的目标

算法设计应满足以下几个目标。

- 正确性：算法应满足问题要求，能正确解决问题。算法转化为程序后要注意程序中不含语法错误；程序对于几组输入数据能够得出满足要求的结果；程序对于精心选择的、典型的几组数据能得到满足要求的结果；程序对于一切合法的数据都能得出满足要求的结果。
- 可读性：算法主要是为了方便人们阅读和交流，其次才是为了计算机执行，因此算法应该易于理解；另一方面，晦涩难读的算法可能导致隐藏的错误难以被发现和修复。
- 健壮性：是指当输入非法数据时，算法恰当地作出反应或者进行相应处理，而不是产生莫名其妙的输出结果；处理错误的方法，不应是中断程序的执行，而应该返回一个表示错误或者错误性质的值，以便在更高的抽象层次上进行处理。
- 高效性：要求花费尽量少的时间和尽量减少存储空间占用。

一个好的算法首先要具备正确性，然后是健壮性、可读性，在几个方面都满足的条件下，应尽量提高运行效率。算法的效率高低是评判不同算法优劣程度的重要标准。算法的效率包括时间效率和空间效率。时间效率指的是算法执行所占用的时间。空间效率指的是算法执行过程中所占用的存储空间。

1.2.2　算法分析

算法分析就是分析算法占用计算机 CPU 的处理时间和内存空间资源的多少。CPU 时间的算法分析称为时间性能分析，内存空间的算法分析称为空间性能分析。

算法的时间性能分析可以用依据该算法编制的程序在计算机上执行所占用的时间来度量，主要有以下两种度量方法。

- 事后统计法：将算法实现，测算其时间和空间开销。这种方法的缺点很明显。编写程序需要花费时间和精力；所得到的实验结果依赖于计算机的软硬件条件，会掩盖算法本身的优劣。

·事前估计法：对算法所消耗资源的一种估算方法。算法的运行时间是指一个算法在计算机上运行所耗费的时间，大致可以等于计算机执行一个简单的操作(如赋值、比较、移动等)所需要的时间与算法中进行的简单操作次数的乘积。

1. 时间复杂度分析

如上所述，算法运行时间 = 执行一个简单操作所需的时间 × 简单操作次数。

每条语句执行一次所需要的时间随机器而异，取决于机器的指令性能、速度以及编译代码的质量，是由机器本身的软硬件环境共同决定的，与算法无关。所以，可以假设执行每条语句的时间均为单位时间，在讨论算法运行时间时不予考虑。所以，算法的运行时间取决于简单操作次数。简单操作次数用 $T(n)$ 表示，执行简单操作次数越多，其执行时间就相对越多。

为了便于比较不同算法的时间效率，我们仅比较算法简单操作次数的数量级，数量级越大，算法时间复杂度越高。算法的时间复杂度就是用 $T(n)$ 的数量级来表示，记作 $O(f(n))$。

常见的时间复杂度存在以下关系：

$$O(1) < O(lbn) < O(n) < O(nlbn) < O(n^2) < O(n^3) < O(2^n) < O(n!)$$

假如求解同一问题有两个算法：A 和 B，如果算法 A 的平均时间复杂度为 $O(n)$，而算法 B 的平均时间复杂度为 $O(n^2)$。一般情况下，认为算法 A 的时间性能优于算法 B。

【例 1.2】 分析下面算法的时间复杂度。

```
int main()
{
    int i,j,n,m=0;
    scanf("%d",&n);
    for (i=0;i<n;i++)
        for (j=0;j<n;j++)
            m++;
    printf("%d",m);
    return 0;
}
```

解 该算法中的基本操作是两重循环中最深层的语句 m++，分析它的执行次数，即

$$T(n) = \sum_{i=0}^{n-1}\sum_{j=0}^{n-1}1 = \sum_{i=0}^{n-1}n = n\sum_{i=0}^{n-1}1 = n^2 = O(n^2)$$

所以，该算法的时间复杂度为 $O(n^2)$。

【例 1.3】 分析下面算法的时间复杂度。

```
void fun(int n)
{
    int i,x=0;
    for(i=1;i<n;i++)
```

```
            for (j=i+1;j<=n,j++)
                    x++;
        }
```

解　该算法中的基本操作是两重循环中最深层的语句 x++，分析它的执行次数，即

$$T(n) = \sum_{i=0}^{n-1} \sum_{j=i+1}^{n} 1 = \sum_{i=0}^{n-1} n-i = (n-0) + (n-1) + (n-2) + ... + (n-n+1) = \frac{(1+n)n}{2} = O(n^2)$$

所以，该算法的时间复杂度为 $O(n^2)$。

【**例 1.4**】　分析下面算法的时间复杂度。

```
        void fn(int n)
        {
            int y=0;
            while (y*y<=n)
                y++;
        }
```

解　该算法中的基本操作语句是 y++，分析它的执行次数与 y 值的变化关系，再根据条件约束，计算出执行次数与 n 的关系，进而分析该算法的时间复杂度。

$T(n) = 1$	$T(n) = 2$	$T(n) = 3$	$T(n) = n$
$y = 1$	$y = 2$	$y = 3 \quad \cdots$	$y = T(n)$
$y \times y = 1$	$y \times y = 4$	$y \times y = 9$	$y \times y = T(n)^2$

满足条件 $y*y \leqslant n$ 所以，$T(n)^2 \leqslant n \Rightarrow T(n) \leqslant \sqrt{n}$

所以，该算法的时间复杂度为 $O(\sqrt{n})$。

【**例 1.5**】　分析下面算法的时间复杂度。

```
        count=0;
        for(k=1;k<=n;k*=2)
            for(j=1;j<=n;j++)
                count++;
```

解　该算法中的基本操作是两重循环中最深层的语句 count++，由于外层循环和内层循环之间没有交叉，符合乘积关系。先分析外层循环的执行次数：

$T(n) = 1$	$T(n) = 2$	$T(n) = 3$	$T(n) = n$
$k = 2$	$k = 4$	$k = 8 \quad \cdots$	$k = 2^n$

满足条件 $k \leqslant n \Rightarrow 2^{T(n)} \leqslant n \Rightarrow T(n) \leqslant lbn$，则内层循环的执行次数为

$$T(n) = \sum_{j=1}^{n} 1 = n$$

所以，整个算法的时间复杂度为 $O(nlbn)$。

【**例 1.6**】　分析下面算法的时间复杂度。

```
        void fun1(int n)
        {
            i=1,k=100;
```

```
        while (i<=n)
        {
            k=k+1;
            i+=2;
        }
    }
```

解　该算法中的基本操作是 while 循环中最深层的语句 i+=2，分析该循环的执行次数为

$$
\begin{matrix}
T(n)=1 & T(n)=2 & T(n)=3 & \cdots & T(n)=n \\
i=3 & i=5 & i=7 & & i=2T(n)+1
\end{matrix}
$$

满足条件 $i\leqslant n\Rightarrow 2T(n)+1\leqslant n\Rightarrow T(n)\leqslant\dfrac{n-1}{2}$，所以，整个算法的时间复杂度为 $O(n)$。

【例 1.7】　以折半查找为例分析递归算法的时间复杂度。

```
    int Find(int a[],int s,int t,int x)
    {   int m=(s+t)/2;
        if (s<=t)
        {   if (a[m]==x)
                return m;
            else if (x<a[m])
                return Find(a,s,m-1,x);
            else
                return Find(a,m+1,t,x);
        }
        return -1;
    }
```

解　分析递归算法的时间复杂度前，先要分析该算法的执行次数递归方程：

$$
\begin{cases}
T(n)=1 & (n=1) \\
T(n)=T(n/2)+1 & (n>1)
\end{cases}
$$

于是：

$$
T(n)=T\left(\frac{n}{2}\right)+1=T\left(\frac{n}{2^2}\right)+2=T\left(\frac{n}{2^3}\right)+3=T\left(\frac{n}{2^k}\right)+k
$$

只有当 $n=1$ 时，即 $n/2^k=1$ 才能到达出口，使得 $T(n/2^k)=1$。此时 $k=\text{lb}n$，所以 $T(n)=1+\text{lb}n$。

整个算法的时间复杂度为 $O(\text{lb}n)$。

思政感悟：时间复杂度不仅仅涉及算法的效率问题，更关乎人类对于时间的认知和利用方式，关乎人类对时间管理重要性的理解。算法的时间复杂度也需要不断优化，利用有限的内存资源，达到最优的工作效率。同样，时间也是一种无法逆转的资源，我们需要合

理利用每一分每一秒，认真完成自己的学习和工作任务。避免使用低效的算法或者过度消耗计算资源的行为，同时，我们也应该思考如何避免造成环境资源的浪费，如何将算法的效率与社会价值相结合，为人类的进步和发展做出贡献。通过对时间复杂度的学习，希望每一位同学都形成正确的时间观念，认识到时间的宝贵，合理规划自己的时间，并在实践中不断优化自己的学习和工作效率，实现个人的发展，为社会的进步尽自己的一份力量。

2. 算法空间复杂度分析

使用渐进空间复杂度来衡量算法的空间效率。算法的空间复杂度是算法所需存储空间的度量，记作

$$S(n) = O(f(n))$$

其中，O 指量级，n 为问题的规模。

算法的存储量主要包括输入数据、指令、临时变量所占的空间，前两项所占用的空间相对固定，不会因为算法的复杂度而呈现量级增加，这里只分析临时变量所占的空间。

【例 1.8】 分析下面算法的空间复杂度。

```
void fun(int n)
{
    int s=0,i,j,k;
    for (i=0;i<=n;i++)
        for(j=0;j<i;j++)
            for(k=0;k<j;k++)
                s++;
}
```

解 该算法中的基本操作是三层 for 循环中最深层的语句 s++，而 s 所占用内存的空间为固定地址，不会因为算法规模的变化而增加运算空间，所以该算法的空间复杂度为 O(1)。

本 章 小 结

本章介绍了数据结构的基本概念，讲解了数据结构的逻辑结构、存储结构、数据运算，重点讲解了顺序存储结构和链式存储结构的特点，特别是不同存储结构插入和删除操作的过程，有助于学生了解不同存储结构的优缺点。针对考研内容，讲解了时间复杂度的计算过程。

习 题

一、单项选择题

1. 在计算机内存储数据时，通常不仅要存储各数据元素的值，还要存储(　　)。

A. 数据的处理方法　　　　　　　　　　B. 数据元素的类型

C. 数据元素之间的关系　　　　　　　　D. 数据的存储方法

2. 数据结构中，与所使用的计算机无关的是数据的(　　)结构。

A. 存储　　　　　　　　B. 物理　　　　　　　C. 逻辑　　　　　　　D. 物理和存储

3. 算法分析的目的是(　　)。

A. 找出数据结构的合理性　　　　　　　B. 研究算法中的输入和输出的关系

C. 分析算法的效率以求改进　　　　　　D. 分析算法的易懂性和文档性

4. 计算机算法必须具备输入、输出和(　　)等 5 个特性。

A. 可行性、可移植性和可扩充性　　　　B. 可行性、确定性和有穷性

C. 确定性、有穷性和稳定性　　　　　　D. 易读性、稳定性和安全性

5. 下面说法错误的是(　　)。

(1) 算法原地工作的含义是指不需要任何额外的辅助空间。

(2) 在相同的规模 n 下，复杂度 $O(n)$ 的算法在时间上总是优于复杂度 $O(2n)$ 的算法。

(3) 所谓时间复杂度是指在最坏情况下，估算算法执行时间的一个上界。

(4) 同一个算法，实现语言的级别越高，执行效率就越低。

A. (1)　　　　　　　B. (1)、(2)　　　　　　C. (1)、(4)　　　　　　D. (3)

6. 从逻辑上可以把数据结构分为(　　)两大类。

A. 动态结构、静态结构　　　　　　　　B. 顺序结构、链式结构

C. 线性结构、非线性结构　　　　　　　D. 初等结构、构造型结构

7. 连续存储设计时，存储单元的地址(　　)。

A. 一定连续　　　　　　　　　　　　　B.一定不连续

C. 不一定连续　　　　　　　　　　　　D. 部分连续，部分不连续

二、填空题

1. 数据结构被形式地定义为(D, R)，其中 D 是_____的有限集合，R 是 D 上的有限集合。

2. 数据结构包括数据的_____、数据的_____和_____三个方面的内容。

3. 数据结构按逻辑结构可分为四大类，它们分别是_____、_____、_____、_____。

4. 线性结构中元素之间存在_____关系，树形结构中元素之间存在_____关系，图形结构中元素之间存在_____关系。

5. 在线性结构中，第一个结点_____前驱结点，其余每个结点有且只有一个前驱结点；最后一个结点_____后续结点，其余每个结点有且只有一个后续结点。

6. 在树形结构中，根结点没有_____结点，其余每个结点有且只有_____个前驱结点；叶子结点没有_____结点，其余每个结点的后续结点数可以_____。

7. 在图形结构中，每个结点的前驱结点数和后续结点数可以_____。

8. 数据的存储结构可用四种基本的存储方法表示，它们分别是_____。

9. 一个算法的效率可分为_____效率和_____效率。

10. 数据结构是研究数据的_____和_____，以及它们之间的相互关系，并对与这

种结构定义相应的操作，设计出相应的算法。

11. 下面程序段中带下划线的语句的执行次数的数量级是_____。

```
i=1;
while( i<n )
{for( j=1, j<=n, j++)
    x=x+1;
i=i*2;
}
```

三、判断题(正确的打 √，错误的打 ×)

1. 数据元素是数据的最小单位。   (   )
2. 记录是数据处理的最小单位。   (   )
3. 数据的逻辑结构是指数据的各数据项之间的逻辑关系。   (   )
4. 算法的优劣与算法描述语言无关，但与所用计算机有关。   (   )
5. 健壮的算法不会因非法的输入数据而出现莫名其妙的状态。   (   )
6. 算法可以用不同的语言描述，如果用 C 语言或 PASCAL 语言等高级语言来描述，则算法实际上就是程序。   (   )
7. 程序一定是算法。   (   )
8. 数据的物理结构是指数据在计算机内的实际存储形式。   (   )
9. 顺序存储方式的优点是存储密度大，且插入、删除运算效率高。   (   )
10. 数据的逻辑结构说明数据元素之间的顺序关系，它依赖于计算机的储存结构。
                                                                        (   )

四、分析下列算法的时间复杂度。

算法 1：

```
x=90;
y=100;
while (y>0)
    if (x>100)
    {
        x=x-10;
        y--;
    }
    else
    x++;
```

算法 2：

```
i=1;
while (i<=n)
    i=i*s;
```

算法 3：

```
for (i=0;i<n;i++)
        for (j=0;j<m;j++)
                a[i][j]=0;
```

算法 4：

```
x=n;
    y=0;
    while (x>=(y+1)*(y+1))
            y++;
```

第 2 章

线 性 表

　　线性表在前面的绪论章节已有提及，是一种典型的、常用的线性结构，如前面所举例的成绩表就是一个线性表，每一条记录可作为数据元素，每个数据元素由学号、姓名、C 语言成绩等数据项组成，每个数据项的类型必须保持一致。无论是顺序存储还是链式存储，线性表结构都是将多个数据类型的数据项组在一起形成一种新的数据类型。本章将详细介绍线性表的顺序和链式两种存储结构及相关算法的实现。

2.1　线性表的定义和操作

2.1.1　线性表的定义

　　线性表是具有相同数据类型的 $n(n \geq 0)$ 个数据元素的有限序列，其中，n 为表长，当 n=0 时，线性表是一个空表。若用 L 命名线性表，则其一般表示为

$$L = (a_1, \ a_2, \ a_3, \ \cdots, \ a_i, \ a_{i+1}, \ \cdots, \ a_n)$$

a_1 是唯一的"第一个元素"，又称表头元素；a_n 是唯一的"最后一个元素"，又称表尾元素。除第一个元素外，每个元素有且只有一个直接前驱。除最后一个元素外，每个元素有且只有一个直接后继，以上就是线性表的逻辑特性。

　　线性表的特点如下：

　　(1) 表中元素个数有限。

　　(2) 表中元素具有逻辑上的顺序性，表中元素有先后次序。

　　(3) 表中元素都是数据元素，每个元素可能有一个或多个数据项。

　　(4) 表中元素的数据类型都相同，这意味着每个元素占有相同大小的存储空间。

　　(5) 表中元素具有抽象性，即仅讨论元素间的逻辑关系，而不考虑元素究竟表示什么内容。

　　注：线性表是一种逻辑结构，表示元素之间一对一的相邻关系。顺序表和链表是指存储结构，两者属于不同层面的概念。

2.1.2　线性表的基本操作

　　一个数据结构的基本操作是指最核心、最基础的操作。其他较复杂的操作可以通过调

用其基本操作来实现。线性表的主要操作如下：

　　InitList(&L)：初始化表。构造一个空的线性表。

　　Length(L)：求表长。返回线性表 L 的长度，即 L 中数据元素的个数。

　　LocateElem(L, e)：按值查找操作。在表 L 中查找具有给定关键字值 e 的元素。

　　GetElem(L, i)：按位查找操作。获取表 L 中第 i 个位置的元素的值。

　　ListInsert(&L, i, e)：插入操作。在表 L 中的第 i 个位置上插入指定元素 e。

　　ListDelete(&L, i, &e)：删除操作，删除表 L 中的第 i 个位置的元素，并用 e 返回删除元素的值。

　　PrintList(L)：输出操作。按前后顺序输出线性表 L 的所有元素值。

　　Empty(L)：判空操作。若 L 为空表，则返回 true，否则返回 false。

　　DestroyList(&L)：销毁操作。销毁线性表，并释放线性表 L 所占用的空间。

2.2　线性表的顺序表示

2.2.1　顺序表的定义

　　线性表的顺序存储又称为顺序表。

　　它是用一组地址连续的存储单元依次存储线性表中的数据元素，从而使逻辑上相邻的两个元素在物理位置上也相邻。

　　第一个元素存储在线性表的起始位置，第 i 个元素的存储位置后面紧接着存储的是第 i+1 个元素，称 i 为元素 a_i 在线性表中的位序。因此，顺序表的特点是表中元素的逻辑顺序与其物理顺序相同。

　　假设线性表 L 存储的起始位置为 LOC(A)，sizeof(ElemType)是每个数据元素所占用存储空间的大小，则表 L 所对应的顺序存储如图 2.1 所示。

数组下标	顺序表	内存地址
0	a_1	LOC(A)
1	a_2	LOC(A)+sizeof(ElemType)
⋮		
i−1	a_i	LOC(A)+(i−1)×sizeof(ElemType)
⋮		
n−1	a_n	LOC(A)+(n−1)×sizeof(ElemType)

图 2.1　线性表的顺序存储结构

　　注：线性表中元素的位序是从 1 开始的，而数组中元素的下标是从 0 开始的。

顺序表结构定义：

```
#define MaxSize 100
#define ElemType int
typedef struct{
```

```
        ElemType data[MaxSize];
        int length;
    }SqList;
```

一维数组可以是静态分配的，也可以是动态分配的。在静态分配时，由于数组的大小和空间事先已经固定，一旦空间占满，再加入新的数据将会产生溢出，进而导致程序崩溃。

在动态分配时，存储数组的空间是在程序执行过程中通过动态存储分配语句分配的。一旦数据空间占满，就需另外开辟一块更大的存储空间，用以替换原来的存储空间，从而达到扩充存储数组空间的目的，而不需要为线性表一次性地划分所有空间。

C 语言的初始动态分配语句为

```
    SqList *L;
    L=(SqList *)malloc(sizeof(SqList));
    (SqList *)                      //将 malloc 分配的空间强制转换成结构体类型指针
    malloc(sizeof(SqList))          //给 L 指针变量分配结构体类型大小的空间
```

动态分配不是链式存储，它同样属于顺序存储结构，物理结构没有变化，依然是随机存取方式，只是分配的空间大小可以在运行时决定。

顺序表最主要的特点是随机存储特性，即通过数组特性可以直接提取顺序表中的第 n 个元素。存储密度高，每个结点只存储数据元素。顺序表逻辑上相邻的元素物理上也相邻，所以插入和删除操作需要移动大量元素。

2.2.2　顺序表上基本操作的实现

1. 创建顺序表操作

这里介绍的创建顺序表的方法是由数组元素 a[n]创建顺序表 L，即将数组 a 中的每个元素一次放入顺序表中，并将 n 赋值给顺序表的长度。算法如下：

```
    void CreateList(SqList *&L,ElemType a[],int n) //建立顺序表
    {
        L=(SqList *)malloc(sizeof(SqList));   //分配空间
        for (int i=0;i<n;i++)
            L->data[i]=a[i];
        L->length=n;
    }
```

说明：L 前面的&符号表示当调用 L 指针变量时，能够将算法中的操作回传给 L 对应的实参，即 L 变量也随着算法操作而更改。

2. 插入操作

在顺序表 L 的第 i(1≤i≤L.length+1)个位置插入新元素 e。若 i 的输入不合法，则返回 false，表示插入失败；否则，将顺序表的第 i 个元素及其后的所有元素右移一个位置，腾出一个空位置插入新元素 e，顺序表长度增加 1，插入成功，返回 true。

```
    bool ListInsert(SqList *&L,int i,ElemType e)        //插入操作
```

```
    {
            if (i<1 || i>L->length+1)            //判断 i 的范围是否有效
            return false;
            if (L->length>MaxSize)               //当前存储空间已满，不能插入
            return false;
            for (int j=L->length;j>=i;j--)       //将第 i 个元素及之后的元素后移
            {
                L->data[j]=L->data[j-1];
            }
            L->data[i-1]=e;                      //在位置 i 处放入 e
            L->length ++;                        //线性表长度加 1
            return true;
    }
```

注意： 有两种情况插入不合法，即当插入的位置 i 不在线性表区域内时和线性表已满时。

最好情况：在表尾插入(即 i＝n+1)，元素后移语句不执行，时间复杂度为 O(1)。

最坏情况：在表头插入(即 i＝1)，元素后移语句将执行 n 次，时间复杂度为 O(n)。

平均情况：假设 $p_i(p_i=1/(n+1))$是在第 i 个位置上插入一个结点的概率，则在长度为 n 的线性表中插入一个结点时，所需移动结点的概率为

$$\sum_{i=1}^{n+1}p_i(n-i+1)=\sum_{i=1}^{n+1}\frac{1}{n+1}(n-i+1)=\frac{1}{n+1}\sum_{i=1}^{n+1}(n-i+1)=\frac{1}{n+1}\frac{n(n+1)}{2}=\frac{n}{2}$$

因此，线性表插入算法的平均时间复杂度为 O(n)。

3. 删除操作

删除顺序表 L 中第 i(1≤i≤L.length)个位置的元素，若成功则返回 true，并将被删除的元素用引用变量 e 返回，否则返回 false。

```
    bool ListDelete(SqList *&L,int i,ElemType &e)
    {
        int j;
        if (i<1 || i>L->length)
            return false;
        i--;                                    //将顺序表位序转化为 elem 下标
        e=L->data[i];
        for (j=i;j<L->length-1;j++)             //将 data[i]之后的元素前移一个位置
            L->data[j]=L->data[j+1];
        L->length--;                            //顺序表长度减 1
        return true;
    }
```

最好情况：删除表尾元素(即"i＝n")，无需移动其他元素，时间复杂度为 O(1)。

最坏情况：删除表头元素(即 i=1)，需移动除第一个元素外的所有元素，时间复杂度为 O(n)。

平均情况：假设 $p_i(p_i=1/n)$ 是删除第 i 个位置上结点的概率，则在长度为 n 的线性表中删除一个结点时，所需移动结点的平均次数为

$$\sum_{i=1}^{n}p_i(n-i)=\sum_{i=1}^{n}\frac{1}{n}(n-i)=\frac{1}{n}\sum_{i=1}^{n}(n-i)=\frac{1}{n}\frac{n(n-1)}{2}=\frac{n-1}{2}$$

因此，线性表删除算法的平均时间复杂度为 O(n)。

图 2.2 为一个顺序表在进行插入和删除操作前、后的状态，记忆其数据元素在存储空间中的位置变化和表长的变化。

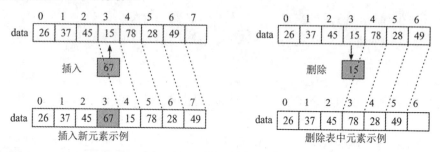

图 2.2   顺序表插入和删除操作时数据元素的变化

关于顺序表的其他基本操作请自行研学，整体基本操作算法如下：

```cpp
#include <bits/stdc++.h>
#define MaxSize 100
#define ElemType int
typedef struct{                              //线性存储结构顺序表结构体
    ElemType data[MaxSize];
    int length;
}SqList;
void CreateList(SqList *&L,ElemType a[],int n)    //建立顺序表
{
    L=(SqList *)malloc(sizeof(SqList));          //分配空间
    for (int i=0;i<n;i++)
        L->data[i]=a[i];
    L->length=n;
}
void DispList(SqList *L)                      //显示输出顺序表
{
    for (int i=0;i<L->length;i++)
        printf("%d ",L->data[i]);
    printf("\n");
}
bool ListInsert(SqList *&L,int i,ElemType e)  //插入操作
```

```
{
    if (i<1 || i>L->length+1)                   //判断 i 的范围是否有效
    return false;
    if (L->length>MaxSize)                      //当前存储空间已满，不能插入
    return false;
    for (int j=L->length;j>=i;j--)              //将第 i 个元素及之后的元素后移
    {
        L->data[j]=L->data[j-1];
    }
    L->data[i-1]=e;                             //在位置 i 处放入 e
    L->length ++;                               //线性表长度加 1
    return true;
}
bool ListDelete(SqList *&L,int i,ElemType &e)   //删除操作
{
    int j;
    if (i<1 || i>L->length)
        return false;
    i--;                                        //将顺序表位序转化为 elem 下标
    e=L->data[i];
    for (j=i;j<L->length-1;j++)                 //将 data[i]之后的元素前移一个位置
        L->data[j]=L->data[j+1];
    L->length--;                                //顺序表长度减 1
    return true;
}
void InitList(SqList *&L)                        //初始化线性表
{
    L=(SqList *)malloc(sizeof(SqList));         //分配存放线性表的空间
    L->length=0;
}
void DestroyList(SqList *&L)                     //销毁线性表
{
    free(L);
}
bool ListEmpty(SqList *L)                        //判断线性表是否为空表
{
    return(L->length==0);
}
int ListLength(SqList *L)                        //求线性表的长度
```

```
{
    return(L->length);
}
bool GetElem(SqList *L,int i,ElemType &e)        //求线性表中某个元素的值
{
    if (i<1 || i>L->length)
        return false;
    e=L->data[i-1];
    return true;
}
int LocateElem(SqList *L, ElemType e)            //按元素值查找，返回元素的位置
{
    int i=0;
    while (i<L->length && L->data[i]!=e) i++;
    if (i>=L->length)
        return 0;
    else
        return i+1;
}
int main()
{
    SqList *L;
    ElemType a[]={1,2,3,4,5};
    int n=5;
    int e;
    CreateList(L,a,n);
    DispList(L);
    ListInsert(L,3,8);
    DispList(L);
    ListDelete(L,3,e) ;
    DispList(L);
    int len=ListLength(L);
    printf("线性表的长度为%d\n",len);
    if (GetElem(L,3,e))
    printf("该表第 3 个元素位置的值为：%d\n",e);
    if (LocateElem(L,8))
    printf("该表元素值为 8 在%d 个位置\n",LocateElem(L,8));
    else
    printf("没找到该元素！\n");
```

```
            return 0;
        }
```

运行结果如图 2.3 所示。

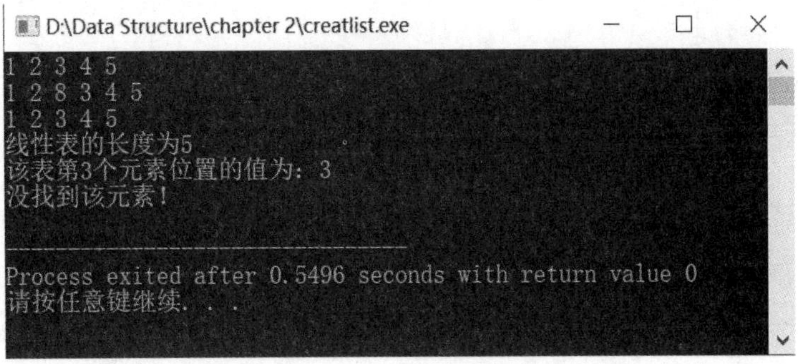

图 2.3　顺序表基本操作算法运行结果

2.3.3　顺序表的应用举例

【例 2.1】　假设一个线性表采用顺序表表示，设计一个算法，删除其中所有值等于 a 的元素，要求算法的时间复杂度为 O(n)，空间复杂度为 O(1)。

解　这里提供两种解法。

解法一：设删除 L 中所有值等于 a 元素后的顺序表为 L1。显然，L1 包含在 L 中，为此 L1 重用 L 的空间。扫描顺序表 L，L 中只包含不等于 a 的元素，算法过程是：置 k=0(k 用来记录新表中的元素个数)，用 i 从左到右扫描 L 中所有的元素，当 i 指向的元素为 a 时跳过它，否则将其放置在 k 的位置，即 "L->data[k]=L->data[i], k++"。

算法如下：

```
void deleleml(SqList * &L,int x)
{
    int k=0,i;                    //k 记录不等于 a 的元素个数
    for(i=0;i<L->length;i++)
    {
        if(L->data[i]!=a)
        {
            L->data[k]=L->data[i];
            k++;
        }
    }
    L->length=k;
}
```

解法二：扫描顺序表 L，用 i 从左到右扫描 L 中的所有元素，用 k 记录 L 中当前等于 a 的元素的个数，一边扫描 L 一边统计当前 k 的值，当 i 指向的元素为 a 时 k 增加 1，否则不将 a 的元素前移 k 个位置，即 L->data[i-k]=L->data[i]，最后修改 L 的长度。

算法如下：

```
void delelem2(SqList * &L,int x)
{
    int k=0,i=0;
    while(i<L->length)
    {
        if(L->data[i]==a)
            k++;
        else
            L->data[i-k]=L->data[i];
        i++;
    }
    L->length=L->length-k;
}
```

【例 2.2】 有一个顺序表 L，假设元素类型为整型，设计一个尽可能高效的算法，以第一个元素为分界线，将所有小于等于它的元素移到该基准的前面，将所有大于它的元素移到该基准的后面。

用 pivot 存放基准，i(初值为 0)从左到右扫描，j(初值为 L->length-1)从右到左扫描。当 i!=j 时循环(即循环到 i 和 j 指向同一元素时为止)：j 从右到左找一个小于等于 pivot 的元素 data[j]，i 从左到右找一个大于 pivot 的元素 data[i]，然后将 data[i]和 data[j]进行交换。当循环结束后再将 data[0]和 data[i]进行交换，算法如下：

```
int partition(SqList * &L)
{
    int i=0,j=L->length;
    int pivot=L->data[0];                    //以 data[0]为基准
    while(i<j)                               //从区间两端交替向中间扫描，直到 i=j
    {
        while(i<j && L->data[j]>pivot)       //从右到左扫描，找到一个小于等于 pivot 的元素
            j--;
        while(i<j && L->data[i]<=pivot)      //从左到右扫描，找到一个大于 pivot 的元素
            i++;
        if(i<j)
            swap(L->data[i],L->data[j]);     //将找到的这两个元素进行交换
    }
    swap(L->data[i],L->data[0]);
}
```

思政感悟：上面的例题以一个基准进行分类，低于基准的值排在左列，高于基准的值

排在右列，只有达到这个基准才能进入高的层阶。人生会面临很多目标，每一个目标都需要我们踏实努力，以成就更完美的自己。

2.3　线性表的链式表示

顺序表可以随时存取表中的任意一个元素，它的存储位置可以用一个简单直观的公式来表示，但插入和删除的操作需要移动大量元素。

链式存储线性表时，不需要使用地址连续的存储单元，即不要求逻辑上相邻的元素在物理位置上也相邻，它通过"链"建立起数据元素之间的逻辑关系，因此插入和删除操作不需要移动元素，而只需要修改指针，但也失去了顺序表可随机存取的优点。

2.3.1　单链表的定义

线性表的链式存储又称单链表，它是通过一组任意的存储单元来存储线性表中的数据元素的。

为了建立数据元素之间的线性关系，对每个链表结点，除存放元素自身的信息外，还需要存放一个指向其后继的指针。

单链表的结构如图 2.4 所示。

| data | next |

图 2.4　单链表结点的结构

其中，data 为数据域，存放数据元素；next 为指针域，存放其后继结点的地址。

单链表中结点类型的描述如下：

```
typedef struct LNode{
    int data;
    struct LNode *next;
}LNode;
```

利用单链表可以解决顺序表需要大量连续存储空间的缺点，但单链表附加指针域，也存在浪费存储空间的缺点。

由于单链表的元素离散的分布在存储空间中，所以单链表是非随机存取的存储结构，即不能直接找到表中某个特定的结点。查找某个特定的结点时，需要从表头开始遍历，依次查找。

通常用头指针来标识一个单链表，如单链表 L，头指针为 NULL 时，表示一个空表。

为了操作上的方便，在单链表第一个结点之前附加一个结点，称为头结点，头结点的数据域可以不设任何信息，也可以记录表长等信息。头结点的指针域指向线性表的第一个元素结点，如图 2.5 所示。

图 2.5　带头结点的单链表

头结点和头指针的区别：不管带不带头结点，头指针始终指向链表的第一个结点，而头结点是带头结点的链表中的第一个结点，结点内通常不存储信息。

引入结点后带来的优点：

(1) 由于第一个数据结点的位置被存放在头结点的指针域中，所以在链表的第一个位置上的操作和在表的其他位置上操作一致，无需进行特殊处理。

(2) 无论链表是否为空，其头指针都指向结点的非空指针(空表中头结点的指针域为空)，因此空表和非空表的处理方式也就得到了统一。

2.3.2 单链表上基本操作的实现

1. 单链表的插入/删除操作

1) 插入结点操作

这里举例在单链表的两个数据域分别为 a 和 b 的结点之间插入一个数据域为 x 的结点。首先新建一个结点 x，定义指针 s 指向它，假设结点 x 的地址为 2000，指针域值为空。定义 p 指针指向 a 结点，假设 a 结点的地址为 1000，a 结点的指针域值为 3000，因为 b 结点是 a 结点的后继结点，所以 b 结点的地址为 3000。

将结点 x 插入到 a 结点和 b 结点之间的操作过程如下：

(1) 先将 x 结点的指针域值修改为 b 结点的地址，即将 x 结点的指针域值修改为 3000，对应的语句为 s->next=p->next;

(2) 再将 a 结点的指针域值修改为 x 结点的地址，对应的语句为 p->next=s; 。插入过程如图 2.6 所示。

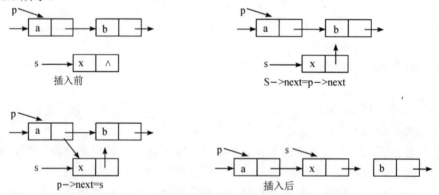

图 2.6   在单链表中插入结点的过程

插入结点的语句描述如下：

```
s->next=p->next;
p->next=s;
```

思考：上面的两条语句不能颠倒，必须先链接后面的语句。如果这两条语句颠倒的话，将找不到 b 结点的地址，导致 b 结点后面的链表丢失。要想在 a 结点后面插入一个新的结点，操作前必须有一个指针 p 指向 a 结点。

删除 a 结点和 b 结点中间的 x 结点就是把 a 结点的指针域地址修改为 b 结点的地址，p 指针指向 a 结点，s 指针指向 x 结点。假设 a 结点的地址为 1000，x 结点的地址为 2000，

b 结点的地址为 3000，只需要将 a 结点的指针域值修改为 b 结点的地址即完成了删除操作，但这样会造成 x 结点的丢失，x 结点将会变成野指针，在内存中形成垃圾。这不是我们想看到的结果，所以先定义 s 指向 x 结点。完成删除操作后，再释放 s 指针，这样就能避免 x 结点在内存中形成垃圾存储。删除过程如图 2.7 所示。

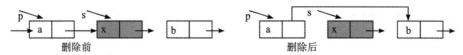

图 2.7　在单链表中删除结点的过程

删除结点的语句描述如下：

```
s=p->next;            //用 s 指针临时存放要删除的结点
p->next=s->next;      //删除 x 结点
free(s);              //释放结点 x 的空间，以免造成内存垃圾
```

2. 采用头插法建立单链表

该方法从一个空表开始，生成新结点，并将读取到的数据存放到新结点的数据域中，然后将新结点插入到当前链表的表头，即头结点之后，如图 2.8 所示。

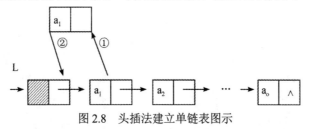

图 2.8　头插法建立单链表图示

头插法建立单链表的算法如下：

```
void List_Head(LNode *&L)    //头插法
{
    LNode *s; int x;
    L=(LNode *)malloc(sizeof(LNode));
    L->next =NULL;
    scanf("%d",&x);
    while(x!=9999){
        s=(LNode*)malloc(sizeof(LNode));
        s->data=x;
        s->next=L->next;
        L->next=s;
        scanf("%d",&x);
    }
}
```

采用头插法建立单链表时，读入数据的顺序与生成的链表中的元素的顺序是相反的。每个结点插入的时间为 O(1)，设单链表长为 n，则总时间复杂度为 O(n)。

思考：如果没有设立头结点，需要修改哪些地方？

3. 采用尾插法建立单链表

头插法建立单链表的算法虽然简单，但生成的链表中结点的次序和输入数据的顺序不一致。若希望两者次序一致，可以采用尾插法。

该方法将新结点插入到当前链表的尾表，为此必须增加一个尾指针 r，使其始终指向当前链表的尾结点，如图 2.9 所示。

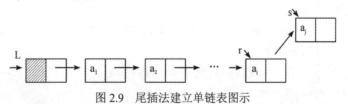

图 2.9　尾插法建立单链表图示

尾插法建立单链表的算法如下：

```
void List_Tail(LNode *&L)   //尾插法
{
    int x;
    L=(LNode *)malloc(sizeof(LNode));
    LNode *s,*r=L;
    scanf("%d",&x);
    while(x!=9999){
        s=(LNode*)malloc(sizeof(LNode));
        s->data=x;
        r->next=s;
        r=s;
        scanf("%d",&x);
    }
    r->next=NULL;
}
```

因为附设了一个指向表尾结点的指针，故时间复杂度和头插法的相同为 O(n)。

4. 按序号查找结点值

```
LNode *GetElem(LinkList L,int i)
{
    int j=1;
    LNode *p=L->next;
    if(i==0)
        return L;
    if(i<1)
        return NULL;
    while(p&&j<i){
```

```
                p=p->next;
                j++;
            }
            return p;
        }
```

按序号查找操作的时间复杂度为 O(n)。

5. 按值查找表结点

从单链表的第一个结点开始，由前往后依次比较表中各结点数据域的值，若某结点数据域的值等于给定值 e，则返回该结点的指针；若整个单链表没有这样的结点，则返回 NULL。

按值查找表结点的算法如下：

```
        LNode *LocateElem(LinkList L,ElemType e)
        {
            Lint LocateElem(LNode *L,ElemType e)   //获取某元素在链表的第几个位置
        {
            LNode *p=L->next;
            int n=1;
            while (p!=NULL && p->data!=e)
            {   p=p->next;
                n++;
            }
            if (p==NULL)
                return(0);
            else
                return(n);
        }Mode *p=L->next;
            while(p!=NULL&&p->data!=e)
                p=p->next;
            return p;
        }
```

按值查找操作的时间复杂度为 O(n)。

6. 插入结点操作

插入结点操作将值为 x 的新结点插入到单链表的第 i 个位置上。先检查插入位置的合法性，因为有不成功的情况，所以将函数设置为布尔型，然后找到待插入位置的前驱结点，即第 i-1 个结点，再在其后插入新结点。

实现插入结点的算法如下：

```
        bool ListInsert(LinkNode *&L,int i,ElemType e)
        {
            int j=0;
```

```
         LinkNode *p=L,*s;
         if (i<=0) return false;                           //i 错误，返回假
         while (j<i-1 && p!=NULL)                           //查找第 i-1 个结点 p
         {    j++;
              p=p->next;
         }
         if (p==NULL)                                       //未找到位序为 i-1 的结点
              return false;
         else                                               //找到位序为 i-1 的结点*p
         {    s=(LinkNode *)malloc(sizeof(LinkNode));       //创建新结点*s
              s->data=e;
              s->next=p->next;                              //将 s 结点插入到结点 p 之后
              p->next=s;
              return true;
         }
    }
```

本算法主要的时间开销在于查找第 i-1 个元素，时间复杂度为 O(n)，若在给定的结点后面插入新结点，则时间复杂度仅为 O(1)。

2) 删除结点操作

删除结点操作是将单链表的第 i 个结点删除。先检查删除位置的合法性，因为有不成功的情况，所以设置函数为布尔型，后查找表中第 i-1 个结点，即被删除结点的前驱结点，再将其删除。

假设结点*p 为被删结点的前驱结点，为实现这一操作后的逻辑关系的变化，仅需修改*p 的指针域，即将 *p 的指针域 next 指向 *q 的下一结点。相关内容前面已有介绍。

实现删除结点的算法如下：

```
    bool ListDelete(LinkNode *&L,int i,ElemType &e)
    {
         int j=0;
         LinkNode *p=L,*q;
         if (i<=0) return false;          //i 错误，返回假
         while (j<i-1 && p!=NULL)          //查找第 i-1 个结点
         {    j++;
              p=p->next;
         }
         if (p==NULL)                      //未找到位序为 i-1 的结点
              return false;
         else                              //找到位序为 i-1 的结点 p
         {    q=p->next;                    //q 指向要删除的结点
              if (q==NULL)
```

```
                return false;            //若不存在第 i 个结点,返回 false
            e=q->data;
            p->next=q->next;             //从单链表中删除 q 结点
            free(q);                     //释放 q 结点
            return true;
        }
    }
```

和插入算法一样,该算法的主要时间也耗费在查找操作上,时间复杂度为 O(n)。

关于链表的其他基本操作请自行研学,整体基本操作算法如下,运行结果如图 2.10 所示。

```c
#include <bits/stdc++.h>
#define ElemType int
typedef struct LNode{
    int data;
    struct LNode *next;
}LNode;
void List_Head(LNode *&L){             //头插法
    LNode *s; int x;
    L=(LNode *)malloc(sizeof(LNode));
    L->next =NULL;
    scanf("%d",&x);
    while(x!=9999){
        s=(LNode*)malloc(sizeof(LNode));
        s->data=x;
        s->next=L->next;
        L->next=s;
        scanf("%d",&x);
    }
}
void DispList(LNode *L)                 //输出线性表
{
    LNode *p=L->next;
    while (p!=NULL)
    {
        printf("%d ",p->data);
        p=p->next;
    }
    printf("\n");
}
void List_Tail(LNode *&L){              //尾插法
```

```
        int x;
        L=(LNode *)malloc(sizeof(LNode));
        LNode *s,*r=L;
        scanf("%d",&x);
        while(x!=9999){
            s=(LNode*)malloc(sizeof(LNode));
            s->data=x;
            r->next=s;
            r=s;
            scanf("%d",&x);
        }
        r->next=NULL;
}
void InitList(LNode *&L)                //初始化线性表
{
        L=(LNode *)malloc(sizeof(LNode));    //创建头结点
        L->next=NULL;
}
void DestroyList(LNode *&L)             //销毁线性表
{
        LNode *pre=L,*p=pre->next;
        while (p!=NULL)
        {   free(pre);
            pre=p;
            p=pre->next;
        }
        free(pre);                      //此时 p 为 NULL, pre 指向尾结点, 释放它
}
bool ListEmpty(LNode *L)               //判断线性表是否为空
{
        return(L->next==NULL);
}
int ListLength(LNode *L)               //求线性表的长度
{
        LNode *p=L;int i=0;
        while (p->next!=NULL)
        {   i++;
            p=p->next;
        }
```

```
        return(i);
    }
    LNode *GetElem(LNode *L,int i)          //获取 i 位置的元素值
    {
        int j=1;
        LNode *p=L->next;
        if(i==0)
            return L;
        if(i<1)
            return NULL;
        while(p&&j<i){
            p=p->next;
            j++;
        }
        return p;
    }
    int LocateElem(LNode *L,ElemType e)      //获取某元素在链表的第几个位置
    {
        LNode *p=L->next;
        int n=1;
        while (p!=NULL && p->data!=e)
        {   p=p->next;
            n++;
        }
        if (p==NULL)
            return(0);
        else
            return(n);
    }
    bool ListInsert(LNode *&L,int i,ElemType e)
    {
        int j=0;
        LNode *p=L,*s;
        if (i<=0) return false;              //i 错误返回假
        while (j<i-1 && p!=NULL)             //查找第 i-1 个结点 p
        {   j++;
            p=p->next;
        }
        if (p==NULL)                         //未找到位序为 i-1 的结点
```

```
            return false;
        else                                    //找到位序为 i-1 的结点*p
        {   s=(LNode *)malloc(sizeof(LNode));    //创建新结点*s
            s->data=e;
            s->next=p->next;                     //将 s 结点插入到结点 p 之后
            p->next=s;
            return true;
        }
    }
    bool ListDelete(LNode *&L,int i,ElemType &e)
    {
        int j=0;
        LNode *p=L,*q;
        if (i<=0) return false;                  //i 错误，返回假
        while (j<i-1 && p!=NULL)                  //查找第 i-1 个结点
        {   j++;
            p=p->next;
        }
        if (p==NULL)                             //未找到位序为 i-1 的结点
            return false;
        else                                     //找到位序为 i-1 的结点 p
        {   q=p->next;                           //q 指向要删除的结点
            if (q==NULL)
                return false;                    //若不存在第 i 个结点,返回 false
            e=q->data;
            p->next=q->next;                     //从单链表中删除 q 结点
            free(q);                             //释放 q 结点
            return true;
        }
    }
    int main()
    {
        LNode *L;
        LNode *p;
        int e;
        List_Head(L);
        DispList(L);
        List_Tail(L);
        DispList(L);
```

```
        int len=ListLength(L);
        printf("该链表长度为：%d\n",len);
        p=GetElem(L,3);
        printf("该链表第 3 个位置的元素为：%d\n",p->data);
        int b=LocateElem(L,4);
        printf("该链表值为 4 的元素在%d 位置",b);
        ListInsert(L,3,8);
        DispList(L);
        ListDelete(L,3,e);
        DispList(L);
        printf("删除的元素为：%d",e);
        return 0;
    }
```

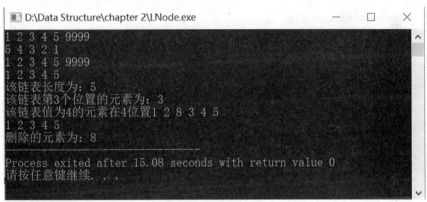

图 2.10　链表基本操作算法运行结果

2.3.3　单链表的应用举例

【例 2.3】　以单链表作为存储结构，设计和实现某班某门课程成绩管理的完整程序。
程序要求完成如下功能：

(1) 创建成绩链表，学生数据包含学生的学号、姓名和成绩。

(2) 可以在指定学生学号前插入学生成绩数据。

(3) 可以删除指定学号的学生数据。

(4) 可以计算学生的总数。

(5) 可以按学号和姓名查找学生。

(6) 可以显示所有学生的成绩。

(7) 可以把学生成绩按从高到低的顺序排列。

代码如下：

```
    #include<string.h>
        #include<malloc.h>
```

```
#include <stdlib.h>
#include <stdio.h>

typedef  struct   Student             //学生类型定义
{    int score;                        //成绩
     char sno[5],sname[8];             //学号，姓名
}Student;

typedef   struct   Node               //结点类型定义
{    Student studentInfo;              //学生信息
     struct   Node *next;             //指向后继元素的指针域
}LinkList;

void   display(LinkList *p)           //在屏幕上显示一个学生的成绩信息
{    printf("\n\n\nno\t\tname\t\tscore: ");
     printf("\n%s",p->studentInfo.sno);        //打印学号
     printf("\t\t ");
     printf("%s",p->studentInfo.sname);        //打印姓名
     printf("\t\t ");
     printf("%-4d\n",p->studentInfo.score);    //打印成绩
}


void   displayAll(LinkList *L)        //在屏幕上显示所有学生的成绩信息
{    LinkList *p;
     p=L->next;
     printf("\n\n\nno\t\tname\t\tscore: ");
     while(p)
     {    printf("\n%s",p->studentInfo.sno);        //打印学号
          printf("\t\t ");
          printf("%s",p->studentInfo.sname);        //打印姓名
          printf("\t\t ");
          printf("%-4d\n",p->studentInfo.score);    //打印成绩
          p=p->next;
     }
}


LinkList   *inputdata( )              //输入学生信息
{    LinkList *s=NULL ;               //s 是指向新建结点的指针
     char sno[5];                     //存储学号的数组
```

```
        printf("\n ");
        printf("  sno: ");
        scanf("%s",sno);                        //输入学号
        if(sno[0]=='#')                         //#结束输入
            return s;
        s=( LinkList *)malloc(sizeof(LinkList));
        strcpy(s->studentInfo.sno,sno);
    if(strlen(sno)>4)       //如果 sno 字符个数大于等于 5，因为字符串没有'\0'结束标志，
            在读数据时会把姓名字符一起读到 sno 数组，所以做了如下处理
            s->studentInfo.sno[4]='\0';
        printf(" name: ");
        scanf("%s",s->studentInfo.sname);       //输入姓名
        printf("score: ");
        scanf("%d",&s->studentInfo.score);      //输入成绩
        return s;
}

LinkList  *createTailList( )        //以尾插法建立带头结点的学生信息单链表
{   LinkList *L,*s, *r;             //L 头指针，r 尾指针，s 是指向新建结点的指针
    L=( LinkList *)malloc(sizeof (LinkList));    //建立头结点，申请结点存储空间
    r=L;                                        //尾指针指向头结点
    printf("请输入学生成绩，当学号 no 为# 时结束：\n ");
    while (1)                                   //逐个输入学生的成绩
    {   s=inputdata( );
        if(!s)   break;                         //s 为空时结束输入
        r->next=s;                              //把新结点插入到尾指针后
        r=s;                                    //r 指向新的尾结点
    }
    r->next=NULL;                               //尾指针的指针域为空
    displayAll(L);                              //显示所有的学生信息
    return L;
}


void   locateElemByno(LinkList *L, char ch[5])  //按学号查找学生的算法
{   LinkList *p=L->next;                         //从第一个结点开始查找
    while ( p && (strcmp(p->studentInfo.sno,ch)!=0))
                                                // p 不空且输入学号与链表中学号不等
        p = p ->next;
    if (!p)
    {   printf("\n\n\tDon't find the student!\n" );
```

```
        }
        else
        {    display(p);                                //显示查找到的学生信息
        }
}


void   locateElemByname(LinkList *L, char sname[8])    //按姓名查找学生的算法
{       LinkList *p=L->next;                            //从第一个结点开始查找
        while ( p&& (strcmp(p->studentInfo.sname,sname)!=0))
                p = p ->next;
        if (!p)
        {   printf("\n\n\tDon't find the student!\n" );    }
        else
        {display(p);                                    //显示查找到的学生信息
         }
}


 int   lengthList (LinkList *L)                         //求学生总人数的算法
{      LinkList  * p=L->next;                           // p 指向第一个结点
       int  j=0;
       while (p)
       { p=p->next; j++ ;}                              //p 所指的是第 j 个结点
       return   j;
}


void   insertElem ( LinkList *L, char ch[5])           //在指定学号前插入学生
{       LinkList *p,*s;
     p=L;                                               //从头结点开始查找学号为 ch 的结点的前趋结点 p
     while ((p->next) && (strcmp(p->next->studentInfo.sno,ch)!=0))
         p = p ->next;
     s=inputdata();                                     //输入欲插入的学生信息
     s->next=p->next;
     p->next=s;
}


void   deleteElem (LinkList *L, char ch[5])            //删除给定学号的学生信息的算法
{    LinkList   *p,*q;
     p=L;
     while ( (p->next)&&(strcmp(p->next->studentInfo.sno,ch)!=0 ))
```

```
    {   p=p->next;                    //从头结点开始查找学号为 ch 的结点的前趋结点 p
}
    if (!p->next)                     //已经扫描到表尾也没找到
    {   printf("\n\n\tDon't find the student!\n" );
}
    else
    {   q=p->next;                    //q 指向学号为 ch 的结点
        printf("\n\ndeleted student's information:");
        display(q);
        p->next=q->next;              //改变指针
        free(q);                      //释放 q 占用空间
        printf("\n\nall student's information :");
        displayAll(L);
    }
}


void    insertSort(LinkList *L)       //用直接插入排序思想把学生的成绩按从高到低排序，
                                      结果保存在新有序链表中，原链表不变
{       LinkList *L1,*p;              //在 L1 有序链表的表头，p 插入位置前结点
    LinkList *q,*s;                   //q 欲插入 L1 中的结点
    int len;
    len=lengthList (L) ;
    L1=( LinkList *)malloc(sizeof (LinkList));   //建立头结点，申请结点存储空间
    if (L->next)                      //链表 L 非空
    {                                 //生成有序链表的第一个结点
        s=( LinkList *)malloc(sizeof (LinkList)); //建立结点
        strcpy(s->studentInfo .sno ,L->next->studentInfo.sno);
        strcpy(s->studentInfo .sname,L->next->studentInfo.sname);
        s->studentInfo .score =L->next->studentInfo.score;
        s->next =NULL;
        L1->next=s;        //只有原单链表的第一个结点的有序链表 L1
        q=L->next->next;   //原单链表的第二个结点，q 即要插入有序链表 L1 中的结点
    }
    else
    {       printf("\nthe student link list is empty\n");
        return;
    }
    while(q)               //链表 L 中有结点
    {   p=L1 ;             //从链表 L1 的第一个结点开始比较
```

```
            while((p->next) && (p->next->studentInfo.score>=q->studentInfo.score))
                p=p->next ;                //查找插入位置前结点
                                           //生成欲插入有序链表中的结点
            s=( LinkList *)malloc(sizeof (LinkList));        //建立新结点
            strcpy(s->studentInfo .sno ,q->studentInfo.sno);
            strcpy(s->studentInfo .sname ,q->studentInfo.sname);
            s->studentInfo .score =q->studentInfo.score;
            if(!p->next)                   //p 是有序链表的最后一个结点
            {   s->next =NULL ;
                p->next =s;
            }
            else
            {   s->next =p->next ;
                p->next =s;
            }
            q=q->next;                     //下一个欲插入有序链表的结点
        }/*while(!q)*/
        displayAll(L1);                    //显示生成的有序链表
}


int main()
{   printf("=======================================================\n\n");
    printf("            带头结点的学生成绩管理程序\n\n");
    printf("=======================================================\n\n");
    LinkList    *L;
    char ch[5],sname[8];
    int b=1;
    while(b)
    {   int a;
        printf("\n\n");
        printf(" <1>创建(带头尾插)   <2>指定学号前插入        <3>按学号删除\n ");
        printf("<4>计算学生总数        <5> 按学号查找        <6> 按姓名查找\n");
        printf(" <7>显示所有学生         <8>成绩排序            <9> 退出\n");
        printf("\n 请输入功能选项： ");
        scanf("%d",&a);
            switch(a){
                case 1:
                    L=createTailList();
                    break;
```

```
            case 2:
                    printf("\n 输入欲在哪个学号前插入数据:");
                    scanf("%s",ch);
                        insertElem(L, ch) ;
                    break;
            case 3:
                    printf("\n 输入欲删除学生的学号:");
                    scanf("%s",ch);
                        deleteElem(L, ch) ;
                    break;
            case 4:
                    printf(" \n 学生总数为：   %d      \n",lengthList (L) );
                    break;
            case 5:
                    printf("\n 输入欲查找学生的学号:");
                    scanf("%s",ch);
                    locateElemByno(L, ch) ;break;
            case 6:
                    printf("\n 输入欲查找学生的姓名:");
                    scanf("%s",sname);
                    locateElemByname(L, sname );break;
            case 7:
                    displayAll(L);
                    break;
            case 8:
                    insertSort(L);
                    break;
            case 9:
                    printf("\n 已退出\n");
                    b=0;break;
            };

        }
        return 0;
    }
```

运行结果如图 2.11、图 2.12、图 2.13、图 2.14 所示。

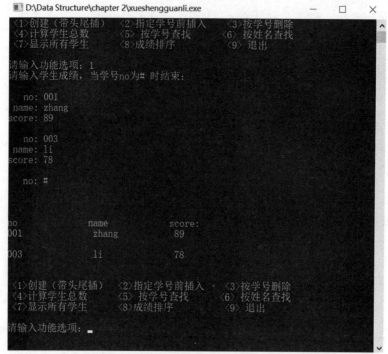

图 2.11　学生成绩管理系统功能 1 实现结果

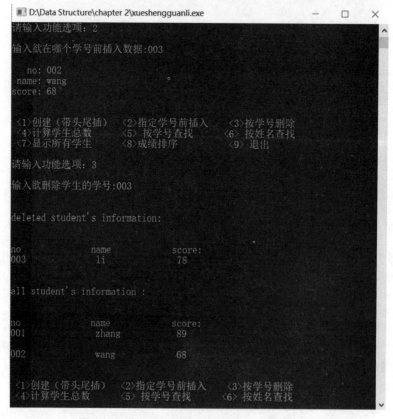

图 2.12　学生成绩管理系统功能 2、3 实现结果

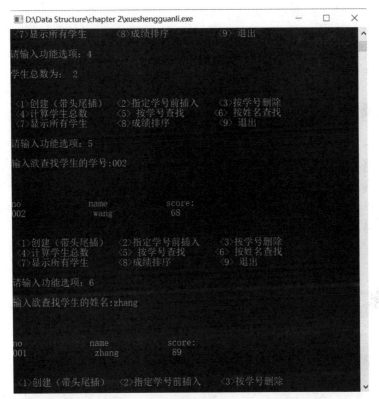

图 2.13　学生成绩管理系统功能 4、5、6 实现结果

图 2.14　学生成绩管理系统功能 7、8、9 实现结果

思政感悟：例题 2.3 比较全面地介绍了学生成绩管理系统的过程，为后面面向对象程序设计开发奠定了基础，可以培养学生对软件开发的初步认知以及提高对软件开发的兴趣。大学生在未来的职场中应有专业精神，有主动学习、积极创新、追求卓越的精神，并热爱自己的专业，不断提高自己的专业技能。

2.3.4　双链表

单链表结点中只有一个指向其后继的指针，使得单链表只能从头结点依次顺序地向后遍历。要访问某个结点的前驱结点(插入/删除操作时)，只能从头开始遍历，访问后继结点的时间复杂度为 O(1)，访问前驱结点的时间复杂度为 O(n)。

为了克服单链表的缺点，由此引入双链表，双链表结点中有两个指针 prior 和 next，分别指向其前驱结点和后继结点，如图 2.15 所示。

图 2.15　双链表示意图

双链表结点类型描述如下：

```
typedef struct DNode{
        ElemType data;
        struct DNode *prior,*next;
}DNode;
```

双链表在单链表的结点中增加了一个指向其前驱的 prior 指针，因此，双链表中的按值查找和按位查找的操作与单链表的相同。

但双链表在插入和删除的操作的实现上，与单链表有着较大的不同，这是因为"链"变化时也需要对 prior 指针作出修改，其关键是保证在修改的过程中不断链。此外，双链表可以很方便地找到其前驱结点，因此，插入/删除操作的时间复杂度为 O(1)。

1) 双链表的插入操作

在双链表中 p 所指的结点在之后插入结点*s，其指针的变化过程如图 2.16 所示。

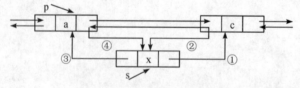

图 2.16　双链表插入结点过程

插入操作的代码片段如下：

```
①s->next=p->next;
②p->next->prior=s;
③s->prior=p;
④p->next=s;
```

上述代码的顺序不是唯一的，也不是任意的，①和②两步必须在④步之前，否则*p 的后继结点的指针就会丢掉，导致插入失败。

2) 双链表的删除操作

删除双链表中结点 *p 的后继结点 *q，其指针变化过程如图 2.17 所示。

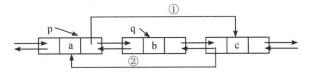

图 2.17 双链表删除结点过程

删除操作代码片段如下：

```
p->next=q->next;
q->next->prior=p;
free(q);
```

在建立双链表的操作中，也可以采用如同单链表的头插法和尾插法，但在操作上需要注意指针的变化和单链表有所不同(由读者自行整理)。

2.4 有 序 表

1. 有序表的定义

有序表是线性表的一部分，其中所有元素以递增或递减方式有序排列。有序表和线性表中元素之间的逻辑关系相同，其区别是运算实现的不同。

2. 有序表的存储(顺序表)

(1) 若以顺序表存储有序表，基本运算算法中只有 ListInsert()算法与前面的顺序表对应的算法有差异，其余都是相同的。

有序顺序表的 ListInsert()算法如下：

```
void ListInsert(SqList *&L,ElemType e)
{
    int i=0,j;
    while(i<L->length && L->data[i]<e)      //查找值为 e 的元素
        i++;
    for (j=L->length;j>i;j--)               //将第 i 个元素及之后的元素后移
    {
        L->data[j]=L->data[j-1];
    }
    L->data[i]=e;                           //在位置 i 处放入 e
    L->length ++;                           //线性表长度加 1
}
```

(2) 若以单链表存储有序表，同样基本运算算法中只有 ListInsert()算法与前面的顺序表对应的运算有差异，其余都是相同的。

有序单链表 ListInsert()算法如下：

```
void ListInsert(LNode *&L,ElemType e)
{
    LNode *pre=L,*p;
    while (pre->next!=NULL && pre->next->data<e)   //查找插入结点的前驱结点*pre
    pre=pre->next;
    p=(LNode *)malloc(sizeof(LNode));
    p->data=e;
    p->next=pre->next;                              //将 pre 结点后插入到结点 p
    pre->next=p;
}
```

3. 有序表的归并算法

【例 2.4】 假设有两个有序表 LA 和 LB，设计一个算法，将它们合并成一个有序表。

设计思路： 将两个有序表合并成一个有序表，其思路是分别扫描 LA 和 LB 两个有序表，当两个有序表都没有扫描完时，比较 LA、LB 的当前元素，将其中较小的元素放入 LC 中，再从较小元素所在的有序表中取下一个元素。循环这一过程直到 LA 或 LB 比较完毕，最后将未比较完的有序表中的元素放入 LC 中。

采用顺序表存放有序表时的二路归并算法如下：

```
void UnionList(SqList *LA,SqList *LB,SqList *&LC)
{
    int i=0,j=0,k=0;  //i、j、k 分别作为 LA、LB、LC 表的下标
    LC=(SqList *)malloc(sizeof(SqList));
    LC->length=0;
    while (i<LA->length && j<LB->length)
    {
        if (LA->data[i]<LB->data[j])
        {
            LC->data[k]=LA->data[i];
            i++;k++;
        }
        else                        //LA->data[i]>LB->data[j]
        {
            LC->data[k]=LB->data[j];
            j++;k++;
        }
    }
    while (i<LA->length)  //LA 表尚未扫描完,将其余元素插入 LC 表中
```

```
    {
        LC->data[k]=LA->data[i];
        i++;k++;
    }
    while (j<LB->length)    //LB 尚未扫描完,将其余元素插入 LC 表中
    {
        LC->data[k]=LB->data[j];
        j++;k++;
    }
    LC->length=k;
}
```

采用单链表存放有序表时的二路归并算法如下:

```
void UnionList1(LinkNode *LA,LinkNode *LB,LinkNode *&LC)
{
    LinkNode *pa=LA->next,*pb=LB->next,*pc,*s;
    LC=(LinkNode *)malloc(sizeof(LinkNode));        //创建 LC 表的头结点
    pc=LC;                                          //pc 始终指向 LC 表的最后一个结点
    while (pa!=NULL && pb!=NULL)
    {
        if (pa->data<pb->data)
        {
            s=(LinkNode *)malloc(sizeof(LinkNode));     //复制 pa 结点
            s->data=pa->data;
            pc->next=s;pc=s;                //采用尾插法将结点 s 插入到 LC 表的最后
            pa=pa->next;
        }
        else
        {
            s=(LinkNode *)malloc(sizeof(LinkNode));//复制 pb 结点
            s->data=pb->data;
            pc->next=s;pc=s;                //采用尾插法将结点 s 插入到 LC 表的最后
            pb=pb->next;
        }
    }
    while (pa!=NULL)
    {
        s=(LinkNode *)malloc(sizeof(LinkNode));     //复制 pa 结点
        s->data=pa->data;
        pc->next=s;pc=s;                    //采用尾插法将结点 s 插入到 LC 表的最后
```

```
                pa=pa->next;
        }
        while (pb!=NULL)
        {
                s=(LinkNode *)malloc(sizeof(LinkNode));    //复制 pa 结点
                s->data=pb->data;
                pc->next=s;pc=s;                           //采用尾插法将结点 s 插入到 LC 表的最后
                pb=pb->next;
        }
        pc->next=NULL;
    }
```

思政感悟：例题 2.4 分别介绍了顺序表和链表两种结构的二路归并算法，不管是哪种结构都要满足归并前的两个线性表必须是有序的，满足规则才能完成相应的算法。同学们也应树立规则意识，只有遵守规则，我们才能很好地融入社会这个大家庭，生活才会美好和谐。

本 章 小 结

本章介绍了线性表的基本概念，讲解了线性表的逻辑结构和存储结构基本算法的实现过程、双链表的插入和删除思想、有序表的二路归并算法，举例设计和实现某班某门课程成绩管理的完整程序，能够更好地掌握线性的应用。

习　题

一、单项选择题

1. 线性表是(　　)。
A. 一个有限序列，可以为空　　　　　　　B. 一个有限序列，不可以为空
C. 一个无限序列，可以为空　　　　　　　D. 一个无限序列，不可以为空
2. 在一个长度为 n 的顺序表中删除第 i 个元素($0 \leqslant i \leqslant n$)时，需向前移动(　　)个元素。
A. n–i　　　　　　　B. n–i +1　　　　　　C. n–i–1　　　　　　D. i
3. 线性表采用链式存储时，其地址(　　)。
A. 必须是连续的　　　　　　　　　　　　B. 一定是不连续的
C. 部分地址必须是连续的　　　　　　　　D. 连续与否均可以
4. 从一个具有 n 个结点的单链表中查找其值等于 x 的结点时，在查找成功的情况下，需平均比较(　　)个元素结点。

A. n/2　　　　　　　　B. n　　　　　　　C. (n+1)/2　　　　　　D. (n−1)/2

5. 在双向循环链表中，在 p 所指的结点之后插入 s 指针所指的结点，其操作是(　　)。

A. p->next=s;　　　s->prior=p;

　　p->next->prior=s; s->next=p->next;

B. s->prior=p;　　s->next=p->next;

　　p->next=s;　　p->next->prior=s;

C. p->next=s;　　　p->next->prior=s;

　　s->prior=p;　　s->next=p->next;

D. s->prior=p;　　s->next=p->next;

　　p->next->prior=s;　　p->next=s;

6. 设单链表中指针 p 指向结点 m，若要删除 m 之后的结点(若存在)，则需修改指针的操作为(　　)。

A. p->next=p->next->next;　　　　　　　B. p=p->next;

C. p=p->next->next;　　　　　　　　　　D. p->next=p;

7. 在一个长度为 n 的顺序表中向第 i 个元素(0< i<n+1)之前插入一个新元素时，需向后移动(　　)个元素。

A. n−i　　　　　　B. n−i+l　　　　　　C. n−i−1　　　　　　D. i

8. 在一个单链表中，已知结点 q 是结点 p 的前驱结点，若在 q 和 p 之间插入结点 s，则须执行(　　)。

A. s->next=p->next;　p->next=s　　　　B. q->next=s;　s->next=p

C. p->next=s->next;　s->next=p　　　　D. p->next=s;　s->next=q

9. 以下关于线性表的说法不正确的是(　　)。

A. 线性表中的数据元素可以是数字、字符、记录等不同的类型

B. 线性表中包含的数据元素个数不是任意的

C. 线性表中的每个结点都有且只有一个直接前驱和直接后继

D. 存在这样的线性表：表中各结点都没有直接前驱和直接后继

10. 线性表的顺序存储结构是一种(　　)的存储结构。

A. 随机存取　　　　　　　　　　　　　B. 顺序存取

C. 索引存取　　　　　　　　　　　　　D. 散列存取

11. 在顺序表中，只要知道(　　)，就可在相同时间内求出任一结点的存储地址。

A. 基地址　　　　　　　　　　　　　　B. 结点大小

C. 向量大小　　　　　　　　　　　　　D. 基地址和结点大小

12. 在等概率情况下，顺序表的插入操作要移动(　　)结点。

A. 全部　　　　　　　B. 一半　　　　　　C. 三分之一　　　　D. 四分之一

13. 在(　　)运算中，使用顺序表比链表好。

A. 插入　　　　　　　　　　　　　　　B. 删除

C. 根据序号查找　　　　　　　　　　　D. 根据元素值查找

14. 在一个具有 n 个结点的有序单链表中插入一个新结点并保持该表有序的时间复杂度是(　　)。

A. O(1)　　　　　　　　B. O(n)　　　　　　　　C. O(n²)　　　　　　　　D. O(1bn)

15. 设有一个栈，元素的进栈次序为 A、B、C、D、E，下列是不可能的出栈序列(　　)。

A. A、B、C、D、E　　　　　　　　B. B、C、D、E、A

C. E、A、B、C、D　　　　　　　　D. E、D、C、B、A

16. 在一个具有 n 个单元的顺序栈中，假定以地址低端(即 0 单元)作为栈底，以 top 作为栈顶指针，当进行出栈处理时，top 变化为(　　)。

A. top 不变　　　　　　　B. top=0　　　　　　　C. top--　　　　　　　D. top++

17. 向一个栈顶指针为 hs 的链栈中插入一个 s 结点时，应执行(　　)。

A. hs->next=s;　　　　　　　　　　B. s->next=hs;　　hs=s;

C. s->next=hs->next;hs->next=s;　　D. s->next=hs; hs=hs->next;

18. 在具有 n 个单元的顺序存储的循环队列中，假定 front 和 rear 分别为队首指针和队尾指针，则判断队满的条件为(　　)。

A. rear％n= = front;　　　　　　　　B. (front+1)％n= = rear;

C. rear％n -1= = front;　　　　　　　D. (rear+1)％n= = front;

19. 在具有 n 个单元的顺序存储的循环队列中，假定 front 和 rear 分别为队首指针和队尾指针，则判断队空的条件为(　　)。

A. rear％n= = front;　　　　　　　　B. front+1= rear;

C. rear= = front;　　　　　　　　　　D. (rear+1)％n= front;

20. 在一个链队列中，假定 front 和 rear 分别为队首指针和队尾指针，则删除一个结点的操作为(　　)。

A. front=front->next;　　　　　　　　B. rear=rear->next;

C. rear=front->next;　　　　　　　　D. front=rear->next;

二、填空题

1. 线性表是一种典型的_____结构。

2. 顺序表中逻辑上相邻的元素的物理位置_____。

3. 要从一个顺序表删除一个元素时，被删除元素之后的所有元素均需_____一个位置，移动过程是从_____向_____依次移动每一个元素。

4. 在线性表的顺序存储中，元素之间的逻辑关系是通过_____决定的；在线性表的链接存储中，元素之间的逻辑关系是通过_____决定的。

5. 在双向链表中，每个结点含有两个指针域，一个指向_____结点，另一个指向_____结点。

6. 当对一个线性表经常进行存取操作，而很少进行插入和删除操作时，则采用_____存储结构为宜。相反，当经常进行的是插入和删除操作时，则采用_____存储结构为宜。

7. 顺序表中逻辑上相邻的元素，物理位置____相邻，单链表中逻辑上相邻的元素，物理位置____相邻。

8. 线性表、栈和队列都是_____结构，可以在线性表的_____位置插入和删除元素；对于栈只能在_____位置插入和删除元素；对于队列只能在_____位置插入元素和在_____位置删除元素。

9. 根据线性表的链式存储结构中每个结点所含指针的个数，链表可分为_____和_____；而根据指针的连接方式，链表又可分为_____和_____。

10. 在单链表中设置头结点的作用是_____。

11. 对于一个具有 n 个结点的单链表，在已知的结点 p 后插入一个新结点的时间复杂度为_____，在给定值为 x 的结点后插入一个新结点的时间复杂度为_____。

12. 对于一个栈做进栈运算时，应先判别栈是否为_____；做退栈运算时，应先判别栈是否为_____；当栈中元素为 m，做进栈运算时发生上溢，则说明栈的可用最大容量为_____。为了增加内存空间的利用率和减少发生上溢的可能性，由两个栈共享一片连续的内存空间时，应将两栈的_____分别设在这片内存空间的两端，这样只有当_____时才产生上溢。

13. 设有一空栈，现有输入序列 1、2、3、4、5，经过 push, push, pop, push, pop, push, push 后，输出序列是_____。

14. 无论对于顺序存储还是链式存储的栈和队列来说，进行插入或删除运算的时间复杂度均相同为_____。

三、简答题

1. 描述以下三个概念的区别：头指针、头结点、表头结点。

2. 线性表的两种存储结构各有哪些优缺点？

3. 对于线性表的两种存储结构，如果有 n 个线性表同时并存，而且在处理过程中各表的长度会动态发生变化，则线性表的元素总数也会自动改变，在此情况下，应选用哪一种存储结构？为什么？

4. 对于线性表的两种存储结构，若线性表的元素总数基本稳定，且很少进行插入和删除操作，但要求以最快的速度存取线性表中的元素，应选用何种存储结构？试说明理由。

5. 在单循环链表中设置尾指针比设置头指针好吗？为什么？

6. 假定有四个元素 A、B、C、D 依次进栈，进栈过程中允许出栈，试写出所有可能的出栈序列。

7. 什么是队列的上溢现象？一般有几种解决方法，试简述之。

8. 下述算法的功能是什么？

```
LinkList  *Demo(LinkList *L)
{  // L 是无头结点的单链表
    LinkList *q,*p;
    if(L&&L->next)
    {   q=L; L=L->next; p=L;
            while (p->next)   p=p->next;
            p->next=q; q->next=NULL;
    }
        return (L);
}
```

四、算法设计题

1. 设计在无头结点的单链表中删除第 i 个结点的算法。

2. 在单链表上实现线性表的求表长 ListLength(L)的运算。

3. 设计将带表头的链表逆置算法。

4. 假设有一个带表头结点的链表，表头指针为 head，每个结点含三个域：data, next 和 prior。其中，data 为整型数域，next 和 prior 均为指针域。现在所有结点已经由 next 域连接起来，试设计一个算法，利用 prior 域(此域初值为 NULL)把所有结点按照其值从小到大的顺序链接起来。

5. 已知线性表的元素按递增顺序排列，并以带头结点的单链表作为存储结构。试编写一个删除表中所有值大于 min 且小于 max 的元素(若该表中存在这样的元素)的算法。

6. 已知线性表的元素是无序的，且以带头结点的单链表作为存储结构。设计一个删除表中所有值小于 max 但大于 min 的元素的算法。

7. 假定用一个单循环链表来表示队列(也称为循环队列)，该队列只设一个队尾指针，不设队首指针，试编写下列各种运算的算法：

(1) 向循环链队列插入一个元素值为 x 的结点；

(2) 从循环链队列中删除一个结点。

8. 设顺序表 L 是一个递减有序表，试设计一个算法，将 x 插入其后仍保持 L 的有序性。

第 3 章

栈 和 队 列

栈和队列都是线性表，与线性表具有完全相同的数据结构，但区别是栈和队列的插入及删除操作是受到限制的，所以它们也被称为操作受限的线性表。

现实世界中，栈的工作原理类似军用手枪弹夹，最后压进去的子弹肯定最先发射，最先压进去的子弹要最后发射；而队列的工作原理可以从字面意思来理解，就像买火车票排队一样，排在最前面的旅客可以先买票并离开，排在后面的旅客再买票并离开，而排在最后的旅客肯定是最后才能买票并离开。理解了以上两个简单的现实生活中的例子，对学习栈和队列有一定的帮助。

3.1 栈

栈(stack)是一种重要的数据结构,本节主要讨论栈的概念、存储类型及相应运算实现。

3.1.1 栈的相关概念及基本运算

1. 栈的相关概念

栈是只在一端进行插入和删除操作的线性表(sequential list)。从概念上就能清楚知道栈与一般线性表的区别与联系：线性表可以在任何位置上进行数据插入和删除操作，而栈只能在一端进行上述操作。

在栈中，允许插入和删除的一端称为栈顶(top of stack)，而另一端称为栈底(bottom of stack)。

栈的主要操作就是数据插入和删除，其中插入操作称为入栈或进栈(push)，而删除操作称为出栈或退栈(pop)。当栈中没有数据时称为空栈。栈顶随着数据的插入或删除而进行变化，如图 3.1 所示。a_1 是栈底元素，a_n 是栈顶元素，入栈和出栈都针对栈顶来进行，图 3.1 中所示的元素入栈顺序是 a_1, a_2, …, a_n,一个新元素进栈后会成为新的栈顶元素，而栈顶元素出栈后，其下面紧邻的元素则成为栈顶元素，所以栈这种数据结构又称为"后进先出表"，简称 LIFO(Last In, First Out) 表。

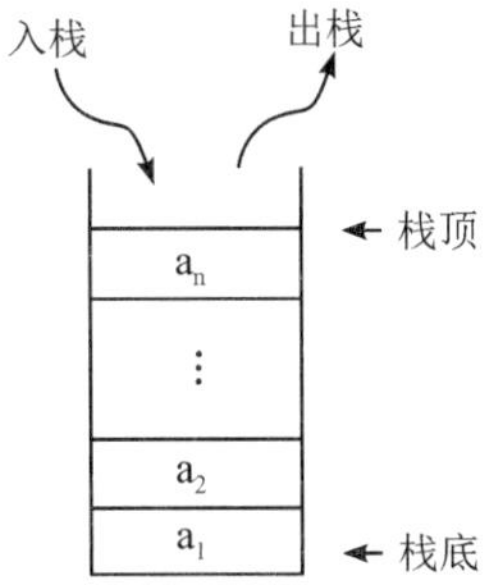

图 3.1 栈的示意图

线性表具有顺序存储结构和链式存储结构，而栈也是线性表，所以栈也具有两种存储结构：顺序存储结构和链式存储结构。

2. 栈的基本运算

线性表有许多基本运算，但栈作为操作受限的特殊线性表，其基本运算相对较少，主要包括：

InitialStack(&s)：构造一个空栈 s。

FreeStack(&s)：释放栈 s 占用的存储空间。

IsEmpty(s)：判断栈 s 是否为空，为空则返回真，否则返回假。

Push(&s,e)：将元素 e 入栈，即存储到栈顶的位置，并作为新的栈顶元素。

Pop(&s,&e)：将栈顶元素赋值给变量 e，并使栈顶指针 top 自减 1(逻辑上删除栈顶元素)。

GetTop(s,&e)：将栈顶元素赋值给变量 e。

但由于栈是操作受限的线性表，其"受限"的操作将反映到具体的代码中，读者可以关注后续栈的基本运算代码，了解其与线性表之间有哪些区别。

下面分别介绍两种存储结构及其对应的基本操作的实现。

3.1.2　栈的顺序存储结构

1. 栈的顺序存储结构的定义

使用线性表的顺序存储结构来实现的栈叫顺序栈。顺序栈的工作过程是：利用地址连续的一组存储单元依次存放从栈底到栈顶的数据元素，然后定义一个 top 整型变量来指向栈顶元素，利用 top 变量的变化来对应出栈入栈的情况。

假设栈的所有元素类型为 ELEMTYPE，栈能够容纳的元素最多为 MaxNum，那么顺序栈的类型可以定义如下：

```
typedef struct
{
ELEMTYPE data[MaxNum];
int top;
}SqStack;
```

顺序栈的一般操作如图 3.2 所示。

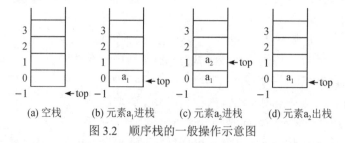

(a) 空栈　　　(b) 元素 a_1 进栈　　　(c) 元素 a_2 进栈　　　(d) 元素 a_2 出栈

图 3.2　顺序栈的一般操作示意图

图 3.2(a)表示刚建立的空栈，里面没有任何数据，此时 top 的值为 −1。

图 3.2(b)表示数据元素 a_1 进栈后的情况，top 指向存储元素 a_1 的数据单元。

图 3.2(c)表示数据元素 a_2 进栈后的情况，top 指向存储元素 a_2 的数据单元。

图 3.2(d)表示数据元素 a_2 退栈后的情况，top 重新指向存储元素 a_1 的数据单元，当然如果此时 a_1 再退栈的话，top 又会重新获得 -1 的值。

假设有如下变量定义：

    SqStack *s= (SqStack*)malloc(sizeof(SqStack));

则 s 称为指向一个顺序栈的指针，初始时设置 top 的值为-1，表示其为空栈，则可推导出以下四项重要信息：

(1) 判断栈空的条件为 s->top==-1；

(2) 判断栈满的条件为 s->top==MaxNum-1；

(3) 数据元素的进栈操作步骤：top 自增 1，然后将数据元素存储在 top 所指的存储单元中；

(4) 数据元素的出栈操作步骤：将 top 指向的数据元素取出，然后 top 自减 1 。

在栈的顺序存储结构基础上，上述四项重要信息可以帮助我们整理出栈的基本运算代码。

2. 顺序栈的基本运算代码

下面所列部分代码从易于理解和简洁精练两个角度进行了展示。

InitialStack(&s)：构造一个空栈 s。

```
void InitialStack(SqStack *&s)
{
    s=(SqStack*)malloc(sizeof(SqStack));
    s->top=-1;
}
```

FreeStack(&s)：释放栈 s 占用的存储空间。

```
void FreeStack(SqStack *&s)
{
    free(s);
}
```

IsEmpty(s)：判断栈 s 是否为空，为空则返回真，否则返回假。

```
//以下代码采用易于理解的形式
bool IsEmpty(SqStack *s)
{
    if(s->top==-1)
        return true;
    else
        return false;
}

//以下代码采用简洁精练的形式
bool IsEmpty(SqStack *s)
{
```

```
        return   (s->top==-1);
    }
```

Push(&s,e)：将元素 e 入栈，即存储到栈顶的位置，并作为新的栈顶元素。

```
//易于理解形式
bool Push(SqStack *&s, ELEMTYPE e)
{
    if(s->top==MaxNum-1)
        return false;
    else
    {
        s->top++;
        s->data[s->top]=e;
        return true;
    }
}


//简洁精练形式
bool Push(SqStack *&s, ELEMTYPE e)
{
    if(s->top==MaxNum-1)
        return false;
    s->top++;
    s->data[s->top]=e;
    return true;
}
```

Pop(&s,&e)：将栈顶元素赋值给变量 e，并使栈顶指针 top 自减 1(逻辑上删除栈顶元素)。

```
//易于理解形式
bool Pop(SqStack *&s, ELEMTYPE &e)
{
    if(s->top==-1)
        return false;
    else
    {
        e=s->data[s->top};
        s->top--;
        return true;
    }
}
//简洁精练形式
```

```
        bool Pop(SqStack *&s, ELEMTYPE &e)
        {
            if(s->top==-1)
            return false;
            e=s->data[s->top];
            s->top--;
            return true;
        }
```

GetTop(s,&e): 将栈顶元素赋值给变量 e 。

```
        bool GetTop(SqStack *s, ELEMTYPE E)
        {
            if(s->top==-1)
            return false;
            else
            {
                e=s->data[s->top];
                return true;
            }
        }
```

3.1.3 栈的链式存储结构

1. 栈的链式存储结构的定义

使用线性表的链式存储结构来实现的栈叫链栈，即用链表实现的栈。这里使用带头结点的链表来实现栈，头结点始终指向栈顶元素。链栈的示意图如图 3.3 所示。

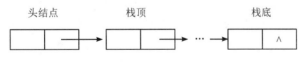

图 3.3 链栈的示意图

链栈的数据类型定义如下：

```
        typedef struct LinkStNode
        {
            ELEMTYPE data;
            struct LinkStNode *next;
        }LinkStackNode;
```

结合链栈的示意图和数据类型定义，有以下变量定义：

```
        LinkStackNode *top;
```

则 top 为链栈的头结点，并且推导出以下重要信息：

(1) 初始时有 top->next=NULL，表示栈为空；

(2) 因为理论上链栈的容量可以无穷大，所以不需要判断链栈是否为空；

(3) 进栈操作就是用头插法插入新的结点；

(4) 出栈操作就是删除首结点(头结点的 next 结点)。

2. 链栈的基本运算代码

在栈的链式存储类型基础上，根据上述信息，整理栈的基本运算代码如下：

InitialStack(&s)：构造一个空栈 s。

```
void InitialStack(LinkStackNode *&s)
{
    s=(LinkStackNode *)malloc(sizeof(LinkStackNode));
    s->next=NULL;
}
```

FreeStack(&s)：释放栈 s 占用的存储空间。

```
void FreeStack(LinkStackNode *&s)
{
    LinkStackNode *pre=s,*p=s->next;
    while(p!=NULL)
    {
        free(pre);
        pre=p;
        p=pre->next;
    }
    free(pre);
}
```

IsEmpty(s)：判断栈 s 是否为空，为空则返回真，否则返回假。

```
//易于理解形式
bool IsEmpty(LinkStackNode *s)
{
    if(s->next==NULL)
        return true;
    else
        return false;
}
//简洁精练形式
bool IsEmpty(LinkStackNode *s)
{
    return (s->next==NULL);
}
```

Push(&s,e)：将元素 e 入栈，即存储到栈顶的位置，并作为新的栈顶元素。

对于链栈来说，无需判断是否栈满，所以其无需返回值。

```
void Push(LinkStackNode *&s, ELEMTYPE e)
{
    LinkStackNode *p=(LinkStackNode*)malloc(sizeof(LinkStackNode));
    p->data=e;
    p->next=s->next;
    s->next=p;
}
```

Pop(&s,&e)：将栈顶元素赋值给变量 e，然后将其删除。

```
//易于理解形式
bool Pop(LinkStackNode *&s, ELEMTYPE &e)
{
    LinkStackNode *p;
    if(s->next!=NULL)
    {
        p=s->next;
        e=p->data;
        s->next=p->next;
        free(p);
        return true;
    }
    else
        return false;
}
//简洁精练形式
bool Pop(LinkStackNode *&s, ELEMTYPE &e)
{
    LinkStackNode *p;
    if(s->next==NULL)
    return false;
    p=s->next;
    e=p->data;
    s->next=p->next;
    free(p);
    return true;
}
```

GetTop(s,&e)：将栈顶元素赋值给变量 e。

```
//易于理解形式
bool GetTop(LinkStackNode *s, ELEMTYPE &e)
```

```
{
        if(s->next!=NULL)
        {
                e=s->next->data;
                return true;
        }
        else
                return false;
}
//简洁精练形式
bool GetTop(LinkStackNode *s, ELEMTYPE &e)
{
        if(s->next==NULL)
                return false;
        e=s->next->data;
        return true;
}
```

3. 共享栈

在介绍完栈的顺序和链式存储结构之后，我们再介绍一下共享栈(shared stack)，它属于顺序栈的一种特殊情况。

顺序栈使用一个连续的数组空间存放栈中的元素。有时候，一个顺序栈栈满，而此时有可能另一个顺序栈正空闲或元素数量非常少，而这种需要多个顺序栈同时运行的情况可以使用共享栈进行一些空间优化，从而达到充分利用空间的目的。

使用一个数组来实现两个顺序栈，让它们共享这段连续的空间，这就是共享栈，如图3.4 所示。

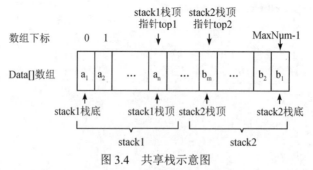

图 3.4　共享栈示意图

通过图 3.4 可以看到，在设计共享栈时，数组的两端分别是栈 stack1 和 stack2 的栈底，而两个栈顶 top1 和 top2 分别从两个栈底向中间延伸。所以与普通顺序栈相对应的共享栈的 4 项重要的信息分别为：

(1) stack1 栈空的条件为 top1==-1；stack2 栈空的条件为 top2==MaxNum；

(2) 共享栈栈满的条件为 top1==top2-1；

(3) stack1 入栈操作为 top1++; s->data[s->top1]=e;stack2 入栈操作为 top2--; s->data[top2]=e;

(4) stack1 出栈操作为 e=s->data[top1];top1--; stack2 出栈操作为 e-s->data[top2];top2++。

因此可以将共享栈结构体类型定义为:

```
typedef struct
{
        ELEMTYPE data[MaxNum];
        int top1, top2;
}ShStack;
```

在共享栈实现的代码中，以增加一个参数表示对共享栈中哪个栈进行操作，这里使用变量 w 作为形参，w 为 1 时代码对 stack1 进行操作；w 为 2 时代码对 stack2 进行操作。其基本运算实现代码如下:

InitialShStack(&s): 构造一个空的共享栈 s。

```
void InitialShStack(ShStack *&s)
{
        s=(ShStack*)malloc(sizeof(ShStack));
        s->top1=-1;
        s->top2=MaxNum;
}
```

FreeShStack(&s): 释放栈 s 占用的存储空间。

```
void FreeShStack(ShStack *&s)
{
        free(s);
}
```

IsEmpty(s, w): 如果 w 值为 1，函数判断栈 s 中 stack1 是否为空，为空则返回真，否则返回假；如果 w 值为 2，函数判断栈 s 中 stack2 是否为空，为空则返回真，否则为假。

```
//以下代码采用易于理解的形式
bool IsEmpty(ShStack *s,int w)
{
        if(w==1)
        {
                if(s->top1==-1)
                        return true;
                else
                        return false;
        }
                if(w==2)
                {
                if(s->top2==MaxNum)
                        return true;
```

```
            else
                return false;
        }
    }
    //以下代码采用简洁精练的形式
    bool IsEmpty(ShStack *s, int w)
    {
        if(w==1)
        {
            return (s->top1==-1);
        }
        if(w==2)
        {
            return (s->top2==MaxNum);
        }
    }
```

Push(&s,e,w)：若 w 为 1，则将元素 e 入栈 stack1；若 w 为 2，则将元素 e 入栈 stack2。

```
    //易于理解形式
    bool Push(ShStack *&s, ELEMTYPE e, int w)
    {
        if(w==1)
        {
            if(s->top1==s->top2-1)
                return false;
            else
            {
                s->top1++;
                s->data[s->top1]=e;
                return true;
            }
        }
        if(w==2)
        {
            if(s->top2==s->top1+1)
                return false;
            else
            {
                s->top2--;
```

```
                s->data[s->top2]=e;
                return true;
            }
        }
    }
```

Pop(&s,&e,w)：若 w 为 1，将 stack1 栈顶元素赋值给变量 e 并删除 stack1 栈顶元素；若 w 为 2，将 stack2 栈顶元素赋值给变量 e 并删除 stack2 栈顶元素。

```
//易于理解形式
bool Pop(ShStack *&s, ELEMTYPE &e,int w)
{
    if(w==1)
    {
        if(s->top1==-1)
            return false;
        else
        {
            e=s->data[s->top1];
            s->top1--;
            return true;
        }
    }
        if(w==2)
        {
        if(s->top2==MaxNum)
            return false;
        else
        {
            e=s->data[s->top2];
            s->top1++;
            return true;
        }
    }
}
//简洁精练形式
bool Pop(ShStack *&s, ELEMTYPE &e, int w)
{
    if(w==1&&s->top1== -1 || w==2&&s->top2==MaxNum)
        return false;
    if(w==1)
```

```
    {
            e=s->data[s->top1];
            s->top1--;
    }
    if(w==2)
    {
            e=s->data[s->top2]
            s->top2++;
    }
    return true;
}
```

GetTop(s,&e,w)：若 w 为 1，将 stack1 栈顶元素赋值给变量 e；若 w 为 2，将 stack2 栈顶元素赋值给变量 e。

```
bool GetTop(ShStack *s, ELEMTYPE e,int w)
{
    if(w==1&&s->top1== -1 || w==2&&s->top2==MaxNum)
        return false;
    if(w==1)
        e=s->data[s->top1];
    if(w==2)
        e=s->data[s->top2];
    return true;
}
```

以上为共享栈的基本运算实现代码，其与普通顺序栈的主要不同之处就是要始终考虑对共享栈中的哪一个栈进行操作。

3.1.4　栈的应用举例

栈有许多重要的应用，如平衡符号、数学表达式求值、函数调用、迷宫问题等，在此举一个相对简单并具有代表性的例子——平衡符号。

在许多场景下，尤其是编程语言编写的代码中，每个花括号、方括号及圆括号一般情况下是成对出现的，为了便于演示说明，这里我们只考虑包含花括号和圆括号的情况，有如下一些特点：

(1) 正常情况下左圆括号"("的右侧某位置肯定先碰到右圆括号")"而不是右花括号。

(2) 正常情况下左花括号"{"的右侧某位置肯定先碰到右花括号"}"而不是右圆括号。

例如，序列"{()}"是合法的，"{(})"是错误的。

现在我们利用栈"后进先出"的特点，编写程序检查圆括号、花括号是否成对出现，并只考虑左右圆括号、左右花括号，而忽略其他字符。

算法分析：当圆括号、花括号满足以上平衡符号的条件时，返回真，否则返回假。

算法执行过程如下：

(1) 建立一个顺序栈 s，然后再从左向右按字符顺序扫描保存着代码的字符串 cstr，遇到左圆括号或左花括号时进栈。

(2) 遇到右圆括号时，判断栈顶元素，如果是左圆括号，则出栈，否则返回假。

(3) 遇到右花括号时，判断栈顶元素，如果是左花括号，则出栈，否则返回假。

(4) 当字符数组 ch_arr 扫描完毕且栈为空时返回真，否则返回假。

这里使用链栈，其中 cstr 数组保存要检查的字符串数组，n 表示字符数组中字符个数。具体代码如下：

```
bool Balance(char cstr[], int n)
{
    int i=0;
    char ch;
    bool match=true;
    LinkStackNode *s;
    InitialStack(s);
    while(i<n && match==true)
    {
        if( cstr[i]=='(' || cstr[i]=='{' )
            Push(s,cstr[i]);
        else if(cstr[i]==')' || cstr[i]=='}' )
        {
            if( GetTop(s,ch)!=true)
            match=false;
            else
            {
                if(cstr[i]==')' && ch=='('   || cstr[i]=='}' && ch=='{' )
                    Pop(s,ch);
                else
                    match=false;
            }
        }
        i++;
    }
    if(IsEmpty(s)==false )
        match=false;
    FreeStack(s);
    return match;
}
```

本应用利用栈"后进先出"的特点，成功解决了判断圆括号和花括号是否成对出现的问题。

思政感悟：在漫长的人生旅途中，在遇到多件事情交织在一起时，我们应分析事情的轻重缓急，先处理比较急、重要的事情，完成后，再处理不太重要的事情。这在计算机科学领域指的就是优先处理优先级更高的事件，并把当前正在处理的低优先级事件相关内容保存到栈这种数据结构当中，待更高优先级事件处理结束，再从栈顶取出相关数据完成前面优先级相对较低的事件。

3.2   队   列

队列(queue)是一种重要的数据结构，本节主要讨论队列的概念、存储类型及相应运算的实现。

3.2.1   队列的相关概念及基本运算

1. 队列的相关概念

队列是在一端进行插入但在另一端进行删除操作的线性表(sequential list)。从概念上也能清楚地知道队列与一般线性表的区别与联系：线性表可以在任何位置上进行数据插入和删除操作，而队列只能在一端插入而在另外一端进行删除操作。

如图 3.5 所示，在队列中，允许数据删除的一端称为队首(front of queue)，队首数据的删除操作称为出队或离队(dequeue)；允许数据插入的一端称为队尾(rear of queue)，数据在队尾的插入操作称为入队或进队(enqueue)。

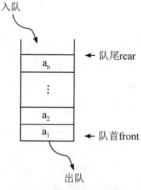

图 3.5   队列的示意图

当队列中没有数据时称为空队列，队首和队尾随着数据的删除或插入而变化。图 3.5 中，a_1 是队首元素，a_n 是队尾元素，下一次的出队元素肯定是 a_1，其出队后 a_2 会成为新的队首元素；而下一次的入队元素肯定是在 a_n 之后并成为新的队尾元素。图 3.5 中的元素入队顺序是 a_1，a_2，…，a_n，而其出队顺序也必定是 a_1，a_2，…，a_n，所以队列这种数据结构又称为"先进先出表"，简称 FIFO 表。

　　线性表以及栈具有顺序存储结构和链式存储结构，而队列也是线性表，所以也具有两种存储结构：顺序存储结构和链式存储结构。

2. 队列的基本运算

　　线性表有许多基本运算，但队列作为操作受限的特殊线性表，其基本运算相对较少，主要包括：

InitialQueue(&q)：构造一个空队列 q。

FreeQueue(&q)：释放队列 q 占用的存储空间。

IsEmpty(q)：判断队列 q 是否为空，为空则返回真，否则返回假。

Enqueue(&q,e)：将元素 e 入队，即存储到队尾的位置，并成为新的队尾元素。

Dequeue(&q,&e)：将队首元素赋值给变量 e，并使队首指针 front 指向新的队首元素。

GetFront(q,&e)：将当前队首元素赋值给变量 e。

　　队列也是操作受限的线性表，读者可以关注后续队列的基本运算代码，了解队列与线性表的操作区别。

　　下面分别介绍两种存储结构及其对应的基本操作的实现。

3.2.2　队列的顺序存储结构

1. 队列的顺序存储结构的类型

　　使用线性表的顺序存储结构来实现的队列叫顺序队(sequential queue)，即利用地址连续的一组存储单元依次存放从队首到队尾的数据元素，然后定义一个 front 整型变量来指向队首元素，定义一个 rear 整型变量指向队尾元素，利用 front 和 rear 两个变量的变化来对应出队和入队的情况。

　　假设顺序队的所有元素类型为 ELEMTYPE，其能够容纳的元素最多为 MaxNum，那么顺序队的类型可以定义如下：

```
typedef struct
{
    ELEMTYPE data[MaxNum];
    int front,rear;
}SqQueue;
```

顺序队的一般操作如图 3.6 所示。

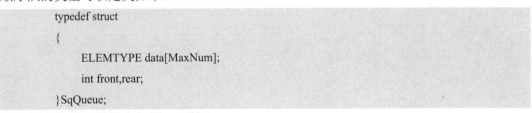
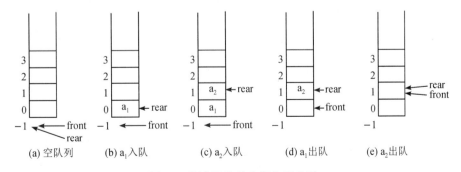

图 3.6　顺序队的基本操作示意图

图 3.6(a)表示刚建立的空队列，里面没有任何数据，此时 front 和 rear 的值均为-1；

图 3.6(b)表示数据元素 a_1 进队后的情况，rear 指向存储元素 a_1 的数据单元；

图 3.6(c)表示数据元素 a_2 进队后的情况，rear 指向存储元素 a_2 的数据单元；

图 3.6(d)表示数据元素 a_1 出队后的情况，front 指向下次出队的元素 a_2 之前的数据单元；

图 3.6(e)表示所有入队的数据元素都出队后的情况，即 rear、front 又指向同一数据单元。

假设有如下变量定义：

SqQueue *q= (SqQueue*)malloc(sizeof(SqQueue));

则 q 成为指向一个顺序队的指针，初始时设置 front 和 rear 的值均为-1，表示其为空队，则可得出以下四项重要信息：

(1) 判断队空的条件为 q->front==q->rear；

(2) 判断队满的条件为 q->rear==MaxNum-1；

(3) 数据元素的进队操作步骤：rear 自增 1，然后将数据元素存储在 rear 所指的存储单元中；

(4) 数据元素的出队操作步骤：队首指针 front 自增 1，然后将其指向的数据元素取出。

在队列的顺序存储结构基础上，以上重要信息可以帮助我们整理出队列的基本运算代码。

2. 顺序队的基本运算

以下展示顺序队的代码，其中部分代码从易于理解和简洁精练两个角度进行了展示。

InitialQueue(&q)：构造一个空队列 q。

```
void InitialQueue(SqQueue *&q)
{
    q=(SqQueue*)malloc(sizeof(SqQueue));
    q->front=-1;
    q->rear=-1;
}
```

FreeQueue(&q)：释放队列 q 占用的存储空间。

```
void FreeQueue(SqQueue *&q)
{
    free(q);
}
```

IsEmpty(q)：判断队列 q 是否为空，为空则返回真，否则返回假。

```
//易于理解形式
bool IsEmpty(SqQueue *q)
{
    if(q->front==q->rear)
        return true;
    else
        return false;
```

```
    }
//简洁精练形式
bool IsEmpty(SqQueue *q)
{
        return (q->front==q->rear);
}
```

Enqueue(&q,e)：将元素 e 入队，即存储到队尾的位置，并成为新的队尾元素。

```
//易于理解形式
bool Enqueue(SqQueue *&q,ELEMTYPE e)
{
        if(q->rear==MaxNum-1)
                return false;
        else
        {
                q->rear++;
                q->data[q->rear]=e;
                return true;
        }
}
//简洁精练形式
bool Enqueue(SqQueue *&q,ELEMTYPE e)
{
        if(q->rear==MaxNum-1)
                q->rear++;
        q->data[q->rear]=e;
        return true;
}
```

Dequeue(&q,&e)：将队首元素赋值给变量 e，并使队首指针 front 指向新的队首元素。

```
//易于理解形式
bool Dequeue(SqQueue *&q,ELEMTYPE &e)
{
        if(q->front==q->rear)
                return false;
        else
        {
                q->front++;
                e=q->data[q->front];
                return true;
```

```
        }
    }
    //简洁精练形式
    bool Dequeue(SqQueue *&q,ELEMTYPE &e)
    {
        if(q->front==q->rear)
            return false;
        q->front++;
        e=q->data[q->front];
        return true;
    }
```

GetFront(q,&e)：将当前队首元素赋值给变量 e。

```
    //易于理解形式
    bool GetFront(SqQueue *q,ELEMTYPE &e)
    {
        if(q->front==q->rear)
            return false;
        else
        {
            e=q->data[q->front +1];
            return true;
        }
    }
    //简洁精练形式
    bool GetFront(SqQueue *&q,ELEMTYPE &e)
    {
        if(q->front==q->rear)
            return false;
        e=q->data[q->front +1];
        return true;
    }
```

3.2.3　队列的链式存储结构

1. 队列的链式存储结构的类型

使用线性表的链式存储结构来实现的队列叫链队(linked queue)，即用链表实现的队列。这里介绍单链表实现的链队，定义分别指向队首和队尾的 front 和 rear 指针，用 front 进行出队操作，rear 进行入队操作，这里和链栈一样，链队没有满的状态。链队的示意图如图3.7 所示。

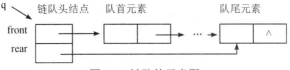

图 3.7 链队的示意图

链队中数据结点的类型 LinkQuNode 可定义如下：

```
typedef struct LinkQueueNode
{
    ELEMTYPE data;
    struct LinkQueueNode *next;
}LinkQuNode;
```

链队头结点的类型 LinkQuHead 的定义如下，其队首指针和队尾指针均为 LinkQuNode 类型：

```
typedef struct
{
LinkQuNode *front;
LinkQuNode *rear;
}LinkQuHead;
```

现在定义一个链队指针 q 如下：

```
LinkQuHead *q;
```

下面分几种情况讨论和说明链队的运行过程，如图 3.8 所示。

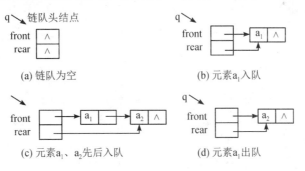

图 3.8 链队的运行过程示意图

从图 3.8 可以推导出以下重要信息：

(1) 如图 3.8(a)所示，初始时有 q->front=q->rear=NULL，表示链队为空。

(2) 如图 3.8(b)所示，从链队中第一个元素(由指针 p 表示)入队需要执行：

q->rear = q->front = p;

(3) 如图 3.8(c)所示，链队第二个或更多元素入队时，新的元素(仍由指针 p 表示)入队需要执行：

q->rear->next= p; q->rear=p;

(4) 如图 3.8(c)和(d)所示，链队中有两个或以上元素的情况下，出队操作就是将队首的值保存(其 data 值可保存到 e 中)并删除队首结点，需要执行：

p=q->front; e=p->data; q->front=p->next; free(p);

(5) 如图 3.8(d)和(a)所示，链队中只有一个元素的情况下，出队操作需要执行：

p=q->front; e=p->data; q->front=q->rear=NULL; free(p);

(6) 理论上链队可以无穷大，所以不需要判断链队是否已满。

2. 链队的基本运算代码

在队列的链式存储类型的基础上，根据上述重要信息，将链队的基本运算代码进行整理，其中部分代码从易于理解和简洁精练两个角度进行了展示。

InitialQueue(&q)：构造一个空队列 q。

```
void InitialQueue(LinkQuHead *&q)
{
    q=(LinkQuHead*) malloc(sizeof(LinkQuHead));
    q->front=q->rear=NULL;
}
```

FreeQueue(&q)：释放队列 q 占用的存储空间。

```
void FreeQueue(LinkQuHead *&q)
{
    LinkQuNode *p=q->front;
    while(p!=NULL)
    {
        q->front=p->next;
        free(p);
        p=q->front;
    }
    free(q);
}
```

IsEmpty(q)：判断队列 q 是否为空，为空则返回真，否则返回假。

```
//易于理解形式
bool IsEmpty(LinkQuHead *q)
{
    if(q->front==NULL)
        return true;
    else
        return false;
}
//简洁精练形式
bool IsEmpty(LinkQuHead *q)
{
```

```
        return (q->front==NULL);
    }
```

小提示：判链队为空时还可将 q->front 换成 q->rear。

Enqueue(&q,e): 将元素 e 入队，即存储到队尾的位置，并成为新的队尾元素。

```
    void Enqueue(LinkQuHead *&q, ELEMTYPE e)
    {
        LinkQuNode *p;
        p=(LinkQuNode *)malloc(sizeof(LinkQuNode));
        p->data=e;
        p->next=NULL;
        if(q->front==NULL)
        {
            q->front=q->rear=p;
        }
        else
        {
            q->rear->next=p;
            q->rear=p;
        }
    }
```

Dequeue(&q,&e): 将队首元素赋值给变量 e，并使队首指针 front 指向新的队首元素。

```
    //易于理解形式
    bool Dequeue(LinkQuHead *&q,ELEMTYPE &e)
    {
        LinkQuNode *p;
        if(q->front==NULL)
            return false;
        else if(q->front!=q->rear)
        {
            p=q->front;
            e=p->data;
            q=p->next;
            free(p);
        }
        else
        {
            p=q->front;
            e=p->data;
            free(p);
```

```
                q->front=q->rear=NULL;
        }
        return true;
}
//简洁精练形式
bool Dequeue(LinkQuHead *&q,ELEMTYPE &e)
{
        LinkQuNode *p;
        if(q->front==NULL)
            return false;
            p=q->front;
        if(q->front!=q->rear)
        {
            q->front=p->next;
        }
        else
        {
            q->front=q->rear=NULL;
        }
        e=p->data;
        free(p);
        return true;
}
```

GetFront(q,&e)：将当前队首元素赋值给变量 e。

```
//易于理解形式
bool GetFront(LinkQuHead *q,ELEMTYPE &e)
{
    LinkQuNode *p;
    if(q->front==NULL)
        return false;
    else
    {
            e=q->front->data;
            return true;
    }
}
//简洁精练形式
bool GetFront(LinkQuHead *&q,ELEMTYPE &e)
{
```

```
        if(q->front==NULL)
                return false;
        e=q->front->data;
        return true;
    }
```

3.2.4　环形队列

　　环形队列是顺序队列的一种升级形式，关于顺序队知识点可回顾图 3.6 顺序队的基本操作示意图。不过，普通顺序队有其自身的一些不足之处，这里假设 MaxNum=4，如图 3.9 所示。

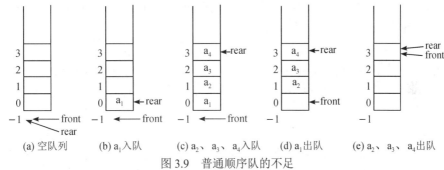

图 3.9　普通顺序队的不足

　　图 3.9(a)、(b)、(c)所演示的情况是队列从空(即 rear==front)到满(rear==MaxNum-1)的过程，图 3.9(d)、(e)所演示的情况是从队首元素出队到所有元素出队且不能再有元素入队(即 rear==front==MaxNum-1)的过程。此时不能再有元素入队，不是因为系统分配的队列空间被完全占用，而是因为 rear==MaxNum-1 这一导致普通顺序队队满的条件已经满足。我们把这种情况称为假溢出。能不能想办法改变这种假溢出，从而让队列继续正常工作呢？答案是：能。

　　我们现在假设队列变成首尾相接的环形结构,利用数学方法完成算法的升级,如图 3.10 所示。

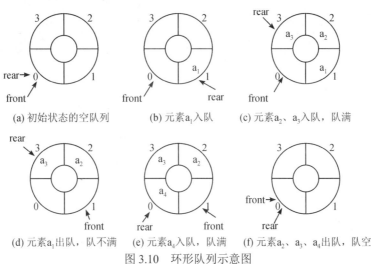

图 3.10　环形队列示意图

图 3.10(a)表示环形队列初始状态(这里仍然假设 MaxNum=4) rear==front==0；

图 3.10(b)、(c)表示元素入队的情况，其中 rear 指向最新入队元素，而 front 始终指向要出队的元素之前的位置。当 rear 的下一位置要与 front 重合时，队列为满的状态；

图 3.10(d)表示元素 a_1 出队后，front 指针的移动情况；

图 3.10(e)表示队列有了新的空余位置后，又有新的元素继续入队；

图 3.10(f)表示所有元素均出队后，环形队列重新达到空的状态。

为了在地址连续的内存中实现上述环形队列的逻辑效果，需要用到求余运算，使队首或队尾指针在达到 MaxNum-1 后重新回到数组的起始位置：

普通顺序队列 front 增 1 表示为 front++，而环形队列表示为(front+1)%MaxNum；

普通顺序队列 rear 增 1 表示为 rear++，而环形队列表示为(rear+1)%MaxNum。

综上所述，得出以下关于队列 q 指向的环形队列的几项重要信息：

(1) 队空条件：q->front==q->rear。

(2) 队满条件：(q->rear+1)%MaxNum=q->front。

(3) 新元素 e 入队：q->rear=(q->rear+1)%MaxNum；　q->data[q->rear]=e。

(4) 队首元素出队：q->front=(q->front+1)%MaxNum;e=q->data[q->front)。

环形队列的类型与顺序队列类型一样，可以定义如下：

```
typedef struct
{
    ELEMTYPE data[MaxNum];
    int front,rear;
}SqQueue;
```

按照上述结构设计的环形队列，后续将展示基本运算代码，其中部分代码仍采用易于理解和简洁精练两种形式。

InitialQueue(&q)：构造一个空队列 q。

```
void InitialQueue(SqQueue *&q)
{
    q=(SqQueue*)malloc(sizeof(SqQueue));
    q->front=q->rear=0;
}
```

FreeQueue(&q)：释放队列 q 占用的存储空间。

```
void FreeQueue(SqQueue *&q)
{
    free(q);
}
```

IsEmpty(q)：判断队列 q 是否为空，为空则返回真，否则返回假。

```
//易于理解形式
bool IsEmpty(SqQueue *q)
{
    if(q->front==q->rear)
```

```
                return true;
        else
                return false;
    }
    //简洁精练形式
    bool IsEmpty(SqQueue *q)
    {
        return (q->front==q->rear);
    }
```

Enqueue(&q,e)：将元素 e 入队，即存储到队尾的位置，并成为新的队尾元素。

```
    //易于理解形式
    bool Enqueue(SqQueue *&q,ELEMTYPE e)
    {
        if((q->rear+1)%MaxNum==q->front)
                return false;
        else
            {
                q->rear=(q->rear+1)%MaxNum;
                q->data[q->rear]=e;
                return true;
            }
    }
    //简洁精练形式
    bool Enqueue(SqQueue *&q,ELEMTYPE e)
    {
        if((q->rear+1)%MaxNum==q->front)
                return false;
        q->rear=(q->rear+1)%MaxNum;
        q->data[q->rear]=e;
        return true;
    }
```

Dequeue(&q,&e)：将队首元素赋值给变量 e，并使队首指针 front 指向新的队首元素。

```
    //易于理解形式
    bool Dequeue(SqQueue *&q,ELEMTYPE &e)
    {
        if(q->front==q->rear)
                return false;
        else
            {
```

```
        q->front=(q->front+1)%MaxNum;
        e=q->data[q->front];
        return true;
    }
}
//简洁精练形式
bool Dequeue(SqQueue *&q,ELEMTYPE &e)
{
    if(q->front==q->rear)
        return false;
    q->front=(q->front+1)%MaxNum;
    e=q->data[q->front];
    return true;
}
```

GetFront(q,&e)：将当前队首元素赋值给变量 e。

```
//易于理解形式
bool GetFront(SqQueue *q,ELEMTYPE &e)
{
    if(q->front==q->rear)
        return false;
    else
    {
        e=q->data[(q->front+1)%MaxNum ];
        return true;
    }
}
//简洁精练形式
bool Dequeue(SqQueue *&q,ELEMTYPE &e)
{
    if(q->front==q->rear)
        return false;
    e=q->data[(q->front +1)%MaxNum];
    return true;
}
```

3.2.5　队列的应用举例

队列有许多重要的应用，如解决数学、排队、迷宫问题等，这里我们讨论数学中的约瑟夫环的问题。

约瑟夫环是一个数学的应用问题：已知 n 个人按编号 1，2，3，…，n 的顺序分别围坐在一张圆桌周围。从编号为 k 的人开始报数(从 1 开始)，数到 m 的那个人离开；他的下一个人又从 1 开始报数，数到 m 的那个人又离开；依此规律重复下去，直到圆桌周围的人全部离开。要求算出他们的离开顺序。

现在举一个简单的例子：n=6，从编号为 1 的人开始报数，数到 3 的人离开，然后从第 4 个人重新开始数 1，数到 3 的人再离开，则离开顺序为 3，6，4，2，5，1。

现在设计一个算法，假设 n=8，从编号为 1 的人开始报数，数到 3 的人离开，依此类推，直到队列为空，求这些人离开的顺序。

分析：通过前面的例子不难看出，使用队列可以很好地模拟这个过程并最终输出离开的顺序，即将数到 1 的编号(代表拥有此编号的人)入队到队尾，再将数到 2 的编号入队到队尾，将数到 3 的编号(即需要离开的编号)直接出队并输出到屏幕，其下一个编号重新数 1…使用这样的方法循环，直到队列为空。

这里使用链队，其代码如下：

```
#include <stdio.h>
#include <linkqueue.cpp>
void order(int n)
{
int i,number;
LinkQuHead *q;
InitialQueue(q);
for(i=1;i<=n;i++)
        Enqueue(q,i);
printf("离开的编号顺序为: \n ");
while(!IsEmpty(q))
{
        Dequeue(q, number);//数 1 的人出队再入队
        Enqueue(q,number);
        Dequeue(q, number);//数 2 的人出队再入队
        Enqueue(q,number);
        Dequeue(q, number);//数 3 的人出队并打印输出
        printf("%5d", number);
}
printf("\n");
FreeQueue(q);
}

main()
{
int i, n=8;
```

```
        printf("初始的顺序为: \n");
        for(i=1;i<=n;i++)
            printf("%5d",i);
        printf("\n");
        order(n);
    }
```

以上例子就利用队列的工作原理很好地解决了数学领域的相关问题。

思政感悟：现实生活中，排队规则在医院系统中起着至关重要的作用。良好的排队规则能够保证医院工作的有序进行，提高患者就诊效率，减少患者等待时间，同时也能够避免患者之间的冲突和纠纷，所以制定一套合理的排队规则对医院来说是非常必要的。最先排队的患者应该最先接受医生的检查，而排在后面的患者不应该比排在前面的人优先接受检查，这是最基本的排队原则，也是数据结构当中队列的工作原理，所以我们可以利用学到的队列知识来编写程序，严谨并科学地为医院解决这些问题。当然，不仅在医院当中，社会上也有很多地方都需要排队，所以学习队列的思想并在社会当中有效地运用可以让整个社会井然有序，使人们的生活有条不紊。

本 章 小 结

本章介绍了栈的概念及逻辑结构，讲解了栈的顺序存储结构和链式存储结构的基本算法实现，介绍了队列的概念及逻辑结构、队列的顺序存储结构和链式存储结构的基本算法实现，以及环形队列的概念及顺序存储结构实现算法。

习 题

一、单项选择题

1. 一个栈的入栈序列为 a，b，c，d，e，则此栈不可能的输出序列是(　　)。

A. edcba   B. decba   C. dceab   D. abcde

2. 若已知一个栈的入栈序列是 1，2，3，…，n，其输出序列为 p_1，p_2，p_3，…，p_n，若 $p_1=n$，则 p_i 为(　　)。

A. i   B. n−i   C. n−i+1   D. 不确定

3. 栈通常采用的两种存储结构是(　　)。

A. 顺序存储结构和链式存储结构   B. 散列方式和索引方式

C. 链表存储结构和数组   D. 线性存储结构和非线性存储结构

4. Push( )和 Pop( )命令常用于(　　)操作。

A. 队列   B. 数组   C. 栈   D. 记录

5. 向一个栈顶指针为 HS 的链栈中插入一个 s 所指结点时，则执行(　　)。

A. HS->next=s;　　　　　　　　　　　B. s->next= HS->next; HS->next=s;

C. s->next= HS; HS=s;　　　　　　　　D. s->next= HS; HS= HS->next;

6. 一个队列的数据入队序列是 1，2，3，4，则队列出队时的输出序列是(　　)。

A. 4，3，2，1　　　　B. 1，2，3，4　　　　C. 1，4，3，2　　　D. 3，2，4，1

7. 栈和队列的共同点是(　　)。

A. 都是先进后出　　　　　　　　　　　B. 都是先进先出

C. 只允许在端点处插入和删除元素　　　D. 没有共同点

8. 栈是将插入或删除操作限定在(　　)处进行的线性表。

A. 端点　　　　　　　B. 栈底　　　　　　　C. 栈顶　　　　　　　D. 中间

9. 在栈顶一端可进行的全部操作是(　　)。

A. 插入　　　　　　　B. 删除　　　　　　　C. 插入和删除　　　　D. 进栈

10. 4 个元素按 A，B，C，D 顺序连续进 S 栈，进行 Pop (S, x)元素后，x 的值是(　　)。

A. A　　　　　　　　B. B　　　　　　　　C. C　　　　　　　　D. D

11. 栈的特点是(　　)。

A. 先进先出　　　　　　　　　　　　　B. 后进先出

C. 后进后出　　　　　　　　　　　　　D. 不进不出

12. 栈结构的元素个数是(　　)。

A. 不变的　　　　　　　　　　　　　　B. 可变的

C. 任意的　　　　　　　　　　　　　　D. 0

13. 4 个元素进 S 栈的顺序是 A、B、C、D，进行两次 Pop (S, x)操作后，栈顶元素的值是(　　)。

A. A　　　　　　　　　　　　　　　　B. B

C. C　　　　　　　　　　　　　　　　D. D

14. 同一个栈内各元素的类型(　　)。

A. 必须一致　　　　　　　　　　　　　B. 可以不一致

C. 不能一致　　　　　　　　　　　　　D. 不必不一致

15. 一个顺序栈一旦定义，其占用空间的大小(　　)。

A. 已固定　　　　　　　　　　　　　　B. 可以改变

C. 不能固定　　　　　　　　　　　　　D. 动态变化

16. 栈是一个(　　)线性表结构。

A. 不加限制的　　　　　　　　　　　　B. 加了限制的

C. 推广了的　　　　　　　　　　　　　D. 非

17. 栈与一般线性表区别主要在(　　)方面。

A. 元素个数　　　　　　　　　　　　　B. 元素类型

C. 逻辑结构　　　　　　　　　　　　　D. 插入、删除元素的位置

18. 设计一个判别表达式中左括号、右括号是否配对出现的算法，采用(　　)数据结构最佳。

A. 线性表的顺序存储结构　　　　　　　B. 队列

C. 线性表的链式存储结构　　　　　　　　D. 栈

19. 递归过程或函数调用时，处理参数及返回地址，要用一种称为(　　　)的数据结构。

A. 队列　　　　　　　　　　　　　　　B. 多维数组

C. 栈　　　　　　　　　　　　　　　　D. 线性表

20. 假设以数组 A[m]存放循环队列的元素，其头尾指针分别为 front 和 rear，则当前队列中的元素个数为(　　　)。

A. (rear−front+m)%m；　　　　　　　　B. rear−front+1；

C. (front−rear+m)%m；　　　　　　　　D. (rear−front)%m；

二、名词解释

1. 栈。

2. 队列。

3. 循环队列。

第4章

串

串是字符串的简称，它是一种特殊的线性表。串仅由一系列字符构成，这些字符之间是一种线性关系。

串的处理在信息检索、文字编辑等领域都有广泛的应用，如 Office 办公软件中关键词查找与替换的功能，百度搜索中根据关键词语进行网页查找的功能，网络文章当中特殊词语的识别、处理功能等，都需要串的处理技术。

本章主要介绍串的基本概念、存储、基本运算和简单的模式匹配算法。

4.1 串的基本概念及抽象数据类型基本运算

4.1.1 串的基本概念

串(用 s 来表示)是由零个或多个任意字符组成的字符序列，可表示为

$$s = \text{“} C_1 C_2 \cdots C_i \cdots C_n \text{”}$$

其中，s 是串名，在 C 语言和 C++语言中，串用双引号引起来，但引号本身不属于串的内容；$C_i (1 \leq i \leq n)$是一个任意字符，它称为串的元素，是构成串的基本单位，i 是它在整个串中的逻辑序号；n 为串的长度，表示串中所包含字符的个数。

当串中没有任何字符时，称此串为空串。

串中任意连续的字符组成的子序列称为该串的子串，包含该子串的串称为主串，子串的第一个字符在主串中的序号称为子串在主串中的位置。我们规定，空串是任意串的子串。

如果两个串的长度相等且对应字符也都相等，则称这两个串相等。

例如，串 s="abc"，则 s 的子串有"a""ab""abc""b""bc""c"和空串。

4.1.2 串的抽象数据类型基本运算

串有许多的操作，下面只选择较常用的一些进行介绍。

StrInitial(s, str[])：使用字符串数组给串 s 初始化或赋值。

StrLen(s)：求串长，返回串 s 中字符的个。

StrCopy(s, p)：将串 p 的值赋值拷贝给串 s，此时两串相等。

StrCat(s, p)：串连接，返回 s，它表示串 p 连接到串 s 后的新串。

StrSub(s, i, len)：返回 s 中从 i(1≤i≤n)开始的 len 个字符组成的串。

StrCmp(s, p)：字符串比较，若 s 与 p 相等，返回 0；若 s > p，返回 1；否则返回 −1。

StrInsert(s, i, p)：将串 p 插入到串 s 中第 i 个(1≤i≤n+1)位置，返回新的结果串。

StrDelete(s, i, len)：删除串 s 中第 i 个(1≤i≤n)位置开始的串长为 len 的子串，并返回新串。

StrReplace(s, i, len ,p)：用串 p 替换串 s 中第 i 个字符开始的长度为 len 的子串，并返回新串。

StrDisplay(s)：在屏幕上打印串 s。

StrFree(s)：销毁串 s，回收内存空间。

4.2　串的存储结构及基本运算

串是特殊的线性表，而线性表在计算机系统中可以有不同的存储形式，所以串也和线性表一样在内存当中有顺序存储和链式存储两种形式，下面将一一介绍。

4.2.1　串的顺序存储结构及基本运算

使用顺序存储结构的串简称顺序串。在前面章节已经学习了利用顺序表对线性表进行存储的知识和方法，在顺序表知识基础上，用一组地址连续的存储单元存储串值中的字符序列，且为每一个字符分配一个固定长度的存储单元，并定义一个整形变量 length 存储串中的实际字符数。

```
#define MaxNum    100
typedef struct
{     char data[MaxNum];
      int length;
}SqString;
```

在上述数据存储结构的基础上，设计了顺序串的基本运算。为了提高调用顺序串相关函数的便捷性，我们使用直接传递顺序串的方法来实现如下代码。

StrInitial(s,str[])：使用字符数组给串 s 初始化或赋值。

```
void StrInitial(SqString &s,char str[])
{
    int i;
    for(i=0;str[i]!='\0';i++)
        s.data[i]=str[i];
    s.length=i;
}
```

StrLen(s)：求串长，返回串 s 中字符的个数。

```
int StrLen(SqString &s)
```

```
    {
        return s.length;
    }
```

StrCopy(s,p)：将串 p 的值赋值拷贝给串 s，此时两串相等。

```
    void StrCopy(SqString &s,SqString &p)
    {
        int i;
        for(i=0;i<p.length;i++)
            s.data[i]=p.data[i];
        s.length=p.length;
    }
```

StrCat(s,p)：串连接，返回串 p 连接到串 s 后的新串。

```
    SqString StrCat(SqString &s,SqString &p)
    {
        int i;
        SqString NewStr;
        for(i=0;i<s.length;i++)
            NewStr.data[i]=s.data[i];
        for(i=0;i<p.length;i++)
            NewStr.data[s.length+i]=p.data[i];
        NewStr.length=s.length+p.length;
        return NewStr;
    }
```

StrSub(s,i,len)：返回 s 中从 i(1≤i≤n)开始的 len 个字符组成的串。

```
    SqString StrSub(SqString s,int i,int len)
    {
        int j;
        SqString NewStr;
        NewStr.length=0;
        if(i<=0 || i>s.length || len<0 || i+len-1>s.length)
            return NewStr;
        for(j=i-1;j<i+len-1;j++)
            NewStr.data[j-i+1]=s.data[j];
        NewStr.length=len;
        return NewStr;
    }
```

StrCmp(s, p)：字符串比较，若 s 与 p 相等，返回 0；若 s>p，返回 1；否则返回-1。

```
    int StrCmp(SqString s,SqString p)
    {
```

```
        int i;
        for(i=0;i<s.length && i<p.length;i++)
            {
                if(s.data[i]>p.data[i])
                    return 1;
                if(s.data[i]<p.data[i])
                    return -1;
            }

            if(s.length == p.length)
                return 0;
            else if(s.length>p.length)
                return 1;
            else
                return -1;
    }
```

StrInsert(s, i, p)：将串 p 插入到串 s 中第 i 个(1≤i≤n+1)位置，返回新的结果串。

```
    SqString StrInsert(SqString s,int i,SqString p)
    {
        SqString NewStr;
        int j;
        NewStr.length=0;
        if(i<1 || i>s.length+1)
            return NewStr;
        for(j=0;j<=i-2;j++)
            NewStr.data[j]=s.data[j];
        for(j=0;j<=p.length-1;j++)
            NewStr.data[i-1+j]=p.data[j];
        for(j=i-1;j<=s.length-1;j++)
            NewStr.data[j+p.length]=s.data[j];
        NewStr.length=s.length+p.length;
        return NewStr;
    }
```

StrDelete(s,i,len)：删除串 s 中第 i 个(1≤i≤n)位置开始的串长为 len 的子串，并返回新串。

```
    SqString StrDelete(SqString s,int i,int len)
    {
        SqString NewStr;
        int j;
```

```
        NewStr.length=0;
        if(i<1 || i>s.length || i+len>s.length+1)
                return NewStr;
        for(j=0;j<=i-2;j++)
                NewStr.data[j]=s.data[j];
        for(j=i+len-1;j<=s.length-1;j++)
                NewStr.data[j-len]=s.data[j];
        NewStr.length=s.length-len;
        return NewStr;
    }
```

StrReplace(s, i, len, p)：用串 p 替换 s 中第 i 个字符开始的长度为 len 的子串，并返回新串。

```
    SqString StrReplace(SqString s,int i, int len, SqString p)
    {
        int j;
        SqString NewStr;
        NewStr.length=0;
        if(i<1 || i>s.length || i+len-1>s.length)
                return NewStr;
        for(j=0;j<=i-2;j++)
                NewStr.data[j]=s.data[j];
        for(j=0;j<=p.length-1;j++)
                NewStr.data[i-1+j]=p.data[j];
        for(j=i+len-1;j<=s.length-1;j++)
                NewStr.data[p.length-len+j]=s.data[j];
        NewStr.length=s.length+p.length-len;
        return NewStr;
    }
```

StrDisplay(s)：在屏幕上打印串 s。

```
    void StrDisplay(SqString s)
    {
        int j;
        if(s.length==0)
                printf("The string is empty.");
        else
        {
                for(j=0;j<=s.length-1;j++)
                        printf("%c",s.data[j]);
                printf("\n");
```

```
        }
    }
```

StrFree(s)：销毁串 s，回收内存空间，但上述顺序串的销毁由系统来管理，代码可以为空。

```
    void StrFree(SqString *s)
    {
    }
```

4.2.2   串的链式存储结构及基本运算

使用链式存储结构的串简称为链串。在前面章节已经学习了线性表使用链表进行存储的知识和方法，在链表知识基础上，我们使用带头结点的单链表来实现串的存储和基本运算，并且每个链表结点只存储一个字符。

链串的结点类型定义如下：

```
    typedef struct charnode
    {    char data;
    struct charnode *next;
    }LinkStringNode;
```

在上述数据存储结构的基础上，我们设计链串的基本运算实现代码如下。

StrInitial(s,str[])：使用字符数组给串 s 初始化或赋值。

```
    void StrInitial(LinkStringNode *&s,char str[])
    {
        int i;
        LinkStringNode *rear, *ptr;
        rear=s=(LinkStringNode *)malloc(sizeof(LinkStringNode));
        for(i=0;str[i]!='\0';i++)
        {
            ptr=(LinkStringNode*)malloc(sizeof(LinkStringNode));
            ptr->data=str[i];
            rear->next=ptr;
            rear=ptr;
        }
        rear->next=NULL;
    }
```

StrLen(s)：求串长，返回串 s 中字符的个数。

```
    int StrLen(LinkStringNode *s)
    {
        int len=0;
        LinkStringNode *ptr=s->next;
```

```
        while(ptr!=NULL)
        {
            len++;
            ptr=ptr->next;
        }
        return len;
}
```

StrCopy(s, p)：将串 p 的值赋值拷贝给串 s，此时两串相等。

```
    void StrCopy(LinkStringNode *&s,LinkStringNode *p)
    {
        s=(LinkStringNode*)malloc(sizeof(LinkStringNode));
        LinkStringNode *ptr=p->next,*rear,*ptemp;
        rear=s;
        while(ptr!=NULL)
        {
            ptemp=(LinkStringNode*)malloc(sizeof(LinkStringNode));
            ptemp->data=ptr->data;
            rear->next=ptemp;
            rear=ptemp;
            ptr=ptr->next;
        }
        rear->next=NULL;
    }
```

StrCat(s, p)：串连接，返回串 p 连接到串 s 后的新串。

```
    LinkStringNode *StrCat(LinkStringNode *&s,LinkStringNode *p)
    {
        LinkStringNode *NewStr,*ptr=s->next,*rear,*ptemp;
        NewStr=(LinkStringNode*)malloc(sizeof(LinkStringNode));
        rear=NewStr;
        while(ptr!=NULL)
        {
            ptemp=(LinkStringNode*)malloc(sizeof(LinkStringNode));
            ptemp->data=ptr->data;
            rear->next=ptemp;
            rear=ptemp;
            ptr=ptr->next;
        }
        ptr=p->next;
        while(ptr!=NULL)
```

```
        {
            ptemp=(LinkStringNode*)malloc(sizeof(LinkStringNode));
            ptemp->data=ptr->data;
            rear->next=ptemp;
            rear=ptemp;
            ptr=ptr->next;
        }
        rear->next=NULL;
        return NewStr;
    }
```

StrSub(s, i, len)：返回串 s 中从第 i(1≤i≤n)个字符开始的 len 个字符组成的新串。

```
    LinkStringNode *StrSub(LinkStringNode *s,int i,int len)
    {
        int j=0;
        LinkStringNode *NewStr,*ptemp=s->next,*rear,*ptemp1;
        NewStr=(LinkStringNode*)malloc(sizeof(LinkStringNode));
        NewStr->next=NULL;
        rear=NewStr;
        if(i<1 || i>StrLen(s) || len<0 || i+len>StrLen(s)+1)
            return NewStr;
        for(j=1;j<i;j++)
            ptemp=ptemp->next;
        for(j=0;j<len;j++)
        {
            ptemp1=(LinkStringNode*)malloc(sizeof(LinkStringNode));
            ptemp1->data=ptemp->data;
            rear->next=ptemp1;
            rear=ptemp1;
            ptemp=ptemp->next;
        }
        rear->next=NULL;
        return NewStr;
    }
```

StrCmp(s, p)：字符串比较，若 s 与 p 相等，返回 0；若 s>p，返回 1；否则返回−1。

```
    int StrCmp(LinkStringNode *s,LinkStringNode *p)
    {
        LinkStringNode *ps=s->next,*pp=p->next;
        while(ps!=NULL && pp!=NULL && ps->data==pp->data)
        {
```

```
                ps=ps->next;
                pp=pp->next;
            }
        if(ps==NULL && pp==NULL)
            return 0;
        else if(ps==NULL)
            return -1;
        else if(pp==NULL)
            return 1;
        else if(ps->data>pp->data)
            return 1;
        else
            return -1;
    }
```

StrInsert(s, i, p)：将串 p 插入串 s 中第 i 个(1≤i≤n+1)字符的位置，返回新的结果串。

```
    LinkStringNode *StrInsert(LinkStringNode *s,int i,LinkStringNode *p)
    {
        LinkStringNode *ps=s->next,*pp=p->next,*ptemp,*rear;
        LinkStringNode *NewStr=(LinkStringNode*)malloc(sizeof(LinkStringNode));
        NewStr->next=NULL;
        rear=NewStr;
        int j=0;
        if(i<1 || i>StrLen(s)+1)
            return NewStr;
        while(j<i-1)
        {
            ptemp=(LinkStringNode*)malloc(sizeof(LinkStringNode));
            ptemp->data=ps->data;
            rear->next=ptemp;
            rear=ptemp;
            ps=ps->next;
            j++;
        }
        while(pp!=NULL)
        {
            ptemp=(LinkStringNode*)malloc(sizeof(LinkStringNode));
            ptemp->data=pp->data;
            rear->next=ptemp;
            rear=ptemp;
```

```
                pp=pp->next;
        }

        while(ps!=NULL)
        {
                ptemp=(LinkStringNode*)malloc(sizeof(LinkStringNode));
                ptemp->data=ps->data;
                rear->next=ptemp;
                rear=ptemp;
                ps=ps->next;
        }
        rear->next=NULL;
        return NewStr;
}
```

StrDelete(s,i,len)：删除串 s 中第 i 个(1≤i≤n)字符位置开始的长度为 len 的子串，返回新串。

```
LinkStringNode *StrDelete(LinkStringNode *s, int i,int len)
{
    int j;
    LinkStringNode *NewStr,*ps=s->next,*ptemp,*rear;
    NewStr=(LinkStringNode *)malloc(sizeof(LinkStringNode));
    NewStr->next=NULL;
    rear=NewStr;
    if (i<1 || i>StrLen(s) || len<0 || i+len>StrLen(s)+1)
        return NewStr;
    while(j<i-1)
    {
        ptemp=(LinkStringNode *)malloc(sizeof(LinkStringNode));
        ptemp->data=ps->data;
        rear->next=ptemp;
        rear=ptemp;
        ps=ps->next;
        j++;
    }
    for (j=1;j<=len;j++)
        ps=ps->next;
    while (ps!=NULL)
    {   ptemp=(LinkStringNode *)malloc(sizeof(LinkStringNode));
        ptemp->data=ps->data;
```

```
            rear->next=ptemp;
            rear=ptemp;
            ps=ps->next;
        }
        rear->next=NULL;
        return NewStr;
    }
```

StrReplace(s, i, len, p)：用串 p 替换 s 中第 i 个字符开始的长度为 len 的子串，返回新串。

```
    LinkStringNode *StrReplace(LinkStringNode *s,int i, int len, LinkStringNode *p)
    {
        int j;
        LinkStringNode *NewStr,*ps=s->next,*ptemp,*rear,*pp=p->next;
        NewStr=(LinkStringNode *)malloc(sizeof(LinkStringNode));
        NewStr->next=NULL;
        rear=NewStr;
        if (i<1 || i>StrLen(s) || len<0 || i+len>StrLen(s)+1)
            return NewStr;
        while(j<i-1)
        {   ptemp=(LinkStringNode *)malloc(sizeof(LinkStringNode));
            ptemp->data=ps->data;
            rear->next=ptemp;
            rear=ptemp;
            ps=ps->next;
            j++;
        }
        while (pp!=NULL)
        {   ptemp=(LinkStringNode *)malloc(sizeof(LinkStringNode));
            ptemp->data=pp->data;
            rear->next=ptemp;
            rear=ptemp;
            pp=pp->next;
        }
        for (j=1;j<=len;j++)
            ps=ps->next;
        while (ps!=NULL)
        {   ptemp=(LinkStringNode *)malloc(sizeof(LinkStringNode));
            ptemp->data=ps->data;
            rear->next=ptemp;
            rear=ptemp;
```

```
                ps=ps->next;
            }
        rear->next=NULL;
        return NewStr;
    }
```

StrDisplay(s)：在屏幕上打印串 s。

```
    void StrDisplay(LinkStringNode *s)
    {
        LinkStringNode *ps=s->next;
        while(ps!=NULL)
        {
            printf("%c",ps->data);
            ps=ps->next;
        }
        printf("\n");
    }
```

StrFree(s)：销毁串 s，回收内存空间。

```
    void StrFree(LinkStringNode *&s)
    {
        LinkStringNode *ps=s->next,*ptemp;
        while(ps!=NULL)
            {
                ptemp=ps;
                ps=ps->next;
                free(ptemp);
            }
        free(s);
    }
```

思政感悟：每个人的人生就像模式串，都需要在社会这个大的目标串中寻找自己的定位，不管自己的人生是什么样的存在形式，都可以为社会做出自己的贡献，实现自己的人生价值。作为当代大学生，我们应该努力学习知识，让自己有能力为社会、为家庭做出贡献，这也是实现自己人生价值的过程。

4.3　串的模式匹配

　　串的模式匹配是串的一种重要运算，在拼写检查、语言翻译、搜索引擎、病毒查找领域都有重要应用。

模式匹配就是在主串中对子串进行定位的过程。设 s 是给定的主串(也称为目标串)，而 t 是给定的子串(也称为模式串)，而在主串 s 中查找等于子串 t 的串的过程称为模式匹配。如果在 s 中找到 t 子串，则匹配成功，并返回 t 在 s 中首次出现的存储位置；否则匹配失败，返回 0。为了运算方便，假设串采用 4.2 节所定义的顺序存储结构，串值从下标 0 开始存放。

下面简单介绍 BF 和 KMP 两种模式匹配算法.

4.3.1   Brute Force 算法

串的暴力搜索(Brute-Force，BF)算法是一种简单的字符串匹配算法，有些资料也把 BF 算法称为朴素的模式匹配算法或穷举搜索算法，它的基本思想是：通过穷举所有可能的解决方案来解决问题，一般是从目标串 s 的第一个字符开始，逐一与模式串 t 的每个字符进行比较，如果匹配失败则将 s 的位置后移一位，重新开始下一趟匹配。具体步骤如下：

(1) 从 s 的第一个字符开始，与 t 的第一个字符进行比较。

如果相同，则继续比较 s 和 t 的下一个字符；如果不同(我们将模式匹配过程中这种字符比较不相同的情况称为失配)，则将 s 的位置后移一位，重新开始与 t 的比较。

(2) 若 s 的位置已经到达 s.length − t.length + 1，则匹配失败，返回 0；若模式串已经匹配完毕，则匹配成功，返回此次开始比较的目标串的起始位置。

假设字符串使用顺序存储，则 BF 算法的代码如下：

```
int BFindex(SqString s,SqString t)
{
    int i=0,j=0;
    while (i<s.length && j<t.length)
    {
        if (s.data[i]==t.data[j]) //对应字符相同，则继续比较下一个字符
        {
            i++;j++;          //目标串和模式串指针后移
        }
        else                  //对应字符不同，则目标串指针回溯进行下一次匹配
        {
            i=i-j+1;          //目标串从下一个位置开始与模式串比较
            j=0;              //目标串从头开始匹配
        }
    }
    if (j>=t.length)          //若模式串已经匹配完毕，则匹配成功
        return(i-t.length);   //返回目标串中匹配的第一个字符的下标
    else                      //若 s 的位置已经到达 s.length-t.length+1 则匹配失败
        return(-1);           //返回-1
}
```

下面举个实际的例子，同时也为 4.3.2 小节要讲的 KMP 算法打下基础。

如图 4.1 所示：

第 1 趟模式匹配从 s[0]与 t[0]开始，直到 s[7]与 t[7]失配，匹配失败；

第 2 趟模式匹配从 s[1]与 t[0]开始，s[1]与 t[0]失配，匹配失败；

第 3 趟模式匹配从 s[2]与 t[0]开始，s[2]与 t[0]失配，匹配失败；

第 4 趟模式匹配从 s[3]与 t[0]开始，s[3]与 t[0]失配，匹配失败；

第 5 趟模式匹配从 s[4]与 t[0]开始，直到 s[11]与 t[7]均匹配成功，标志着此次模式匹配成功，推导出目标串下标为 11-7=4，即 4 为模式串的起始位置。

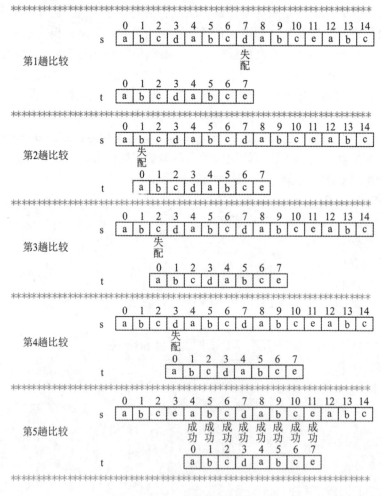

图 4.1　BF 算法示意图

BF 算法的时间复杂度为 O(m×n)，其中 m 和 n 分别为模式串和目标串的长度。

BF 算法的优点是简单直接、可靠，因为它通过穷举所有可能的解决方案，能够找到确切的答案，且实现起来相对简单，不需要复杂的数据结构或算法；而缺点是效率低、不适用于大规模问题，因为在问题空间较大的情况下，时间复杂度可能非常高，运行时间长，并且随着问题规模的增加，穷举所有可能的解决方案的计算量呈指数级增长。

由于上述特点，在实际应用中，一般不采用 BF 算法进行字符串匹配。

4.3.2 KMP 算法

KMP 算法全称为 Knuth-Morris-Pratt 算法，是根据其三位作者 Donald Knuth、James Morris、Vaughan Pratt 来命名的。它是 BF 算法的改进算法，主要特点是消除了目标串指针回溯的过程，使算法效率有了很大的提升。

对于图 4.1 所示的 BF 算法进行模式匹配的过程，如果使用 KMP 算法，则这个过程可以简化，如图 4.2 所示。

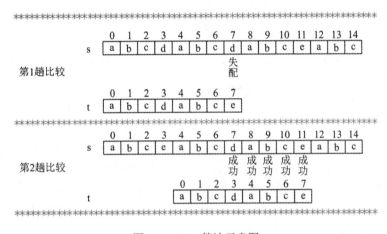

图 4.2 KMP 算法示意图

从图 4.2 可以看出，当第 1 趟 s[7]与 t[7]失配后，第 2 趟直接让 s[7]与 t[3]进行比较，成功后，再让两串的指针(下标)依次加 1 来进一步比较。此时，目标串的指针(下标)没有像 BF 算法一样回退到 i−j+1 的位置，这就是"消除了目标串指针的回溯"的实际意义，显然也就使算法的效率有了提升。

那 KMP 算法如何知道目标串中的某字符失配的情况下，在下一趟应该与模式串中的哪个位置的字符进行比较可以提高效率呢？这就需要研究模式串自身的特点和建立一个被称作 next 的数组。

对于图 4.2 中的模式串"abcdabce"，如图 4.3 所示。

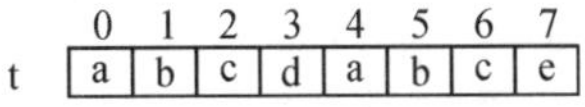

$$\begin{array}{c|c|c|c|c|c|c|c|c|} & 0 & 1 & 2 & 3 & 4 & 5 & 6 & 7 \\ \hline t & a & b & c & d & a & b & c & e \\ \hline \end{array}$$

图 4.3 模式串 t 示意图

设 j 表示其下标，其相应的 next[]数组的定义如下：

(1) next[j]=−1，当 j=0 时。

(2) next[j]=max(k)，当串"t[0]…t[k−1]"=串"t[j−k]…t[j−1]"，且 0<k<j 时。

(3) next[j]=0，其他情况。

按照上述定义，可以得出如表 4.1 所示的包含 next 数组的表格。

表 4.1　模式串 t 与 next[ ]数组对应关系

j	0	1	2	3	4	5	6	7
t[j]	a	b	c	d	a	b	c	e
next[j]	−1	0	0	0	0	1	2	3

由表 4.1 可知：

(1) 当 j=0 时出现失配，查表可知，next[0]= −1，则理论上下一趟比较应由元素 t[−1]与目标串中出现失配的 s[i]进行比较，而实际上表示下一趟要由 s[i+1]与 t[0]开始进行比较。

(2) 当 j=1 时出现失配，查表可知，next[1]=0，则下一趟应由元素 t[next[1]]即 t[0]与目标串中出现失配的 s[i]进行下一趟比较。

(3) 当 j=2 时出现失配，查表可知，next[2]=0，则下一趟应由元素 t[next[2]]即 t[0]与目标串中出现失配的 s[i]进行下一趟比较。

(4) 当 j=3 时出现失配，查表可知，next[3]=0，则下一趟应由元素 t[next[3]]即 t[0]与目标串中出现失配的 s[i]进行下一趟比较。

(5) 当 j=4 时出现失配，查表可知，next[4]=0，则下一趟应由元素 t[next[4]]即 t[0]与目标串中出现失配的 s[i]进行下一趟比较。

(6) 当 j=5 时出现失配，查表可知，next[5]=1，则下一趟应由元素 t[next[5]]即 t[1]与目标串中出现失配的 s[i]进行下一趟比较。因为此时失配，说明目标串中 s[i−1]与模式串 t[j−1]即 t[4]一定是相同的字符，再由 next[]产生的原理可知，s[i−1]一定与 t[0]也是相同的字符，所以下一趟比较直接使用 s[i]与 t[1]进行比较即可，省了 s[i−1]与 t[0]进行比较的过程，如图 4.4 所示。

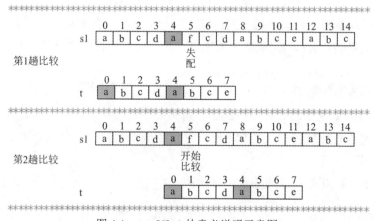

图 4.4　next[5]=1 的意义说明示意图

(7) 当 j=6 时出现失配，查表可知，next[6]=2，则下一趟应由元素 t[next[6]]即 t[2]与目标串中出现失配的 s[i]进行下一趟比较。因为此时失配，说明目标串中子串"s[i−2]s[i−1]"（"ab"）与模式串的子串"t[j−2]t[j−1]"一定是相等的字符串，再由 next[]产生的原理可知，"s[i−2]s[i−1]"一定与子串"t[0]t[1]"也是相等的字符串，所以下一趟比较直接使用 s[i]与 t[2]进行比较即可，节省了子串"s[i−2]s[i−1]"与子串"t[0]t[1]"进行比较的过程，如图 4.5 所示。

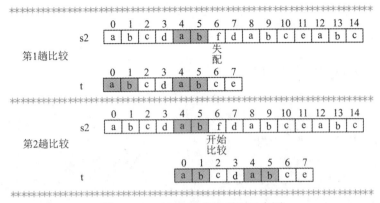

图 4.5　next[6]=2 的意义说明示意图

(8) 当 j=7 时出现失配，查表可知，next[7]=3，这与图 4.1 所示情况一致，下一趟应由元素 t[next[7]]即 t[3]与目标串中出现失配的 s[i]进行下一趟比较，细节如图 4.6 所示。

图 4.6　next[7]=3 的意义说明示意图

至此，KMP 算法的核心思想已经介绍完毕，其对应的求模式串 t 的 next[ ]数组的算法如下：

```
void GetNext(SqString t,int next[])         //由模式串 t 求出 next 值
{
    int j,k;
    j=0;k=-1;next[0]=-1;
    while (j<t.length-1)
    {
        if (k==-1 || t.data[j]==t.data[k])     //k 为-1 或比较的字符相等时
        {
            j++;k++;
            next[j]=k;
        }
        else
        {
            k=next[k];
```

```
            }
        }
    }
```

相应的 KMP 算法的代码如下：

```
    int KMPIndex(SqString s,SqString t)    //KMP 算法
    {
        int next[MaxSize],i=0,j=0;
            GetNext(t,next);
        while (i<s.length && j<t.length)
        {
                if (j==-1 || s.data[i]==t.data[j])
                {
                    i++;j++;                //i,j 各向后移动一个位置
                }
                else
                j=next[j];                //i 不回溯，j 后退
        }
        if (j>=t.length)
                return(i-t.length);        //返回目标串中匹配模式串的首字符下标
        else
                return(-1);                //返回不匹配标志
    }
```

总之，KMP 算法的思想简单，记忆量小，与 BF 算法相比匹配效率有了很大的提升。KMP 算法的核心思想就是：在匹配过程中当目标串中的字符与模式串不匹配时，不需要将模式串整体向右移动一位，而是将模式串中的字符从新位置开始匹配，这个新位置是根据前一个匹配失败的位置推导出来的。

4.3.3　模式匹配的实际应用举例

设计一个简单的英语关键字查找系统，在输入的文本(如"I come from China and I love my country very much.")中查找某一个关键词(如"China")，如果找到就反馈信息"找到了"，否则反馈"没找到"。

假设输入的文本在 100 个字符以内，要查找的关键词不大于前面的文本大小，将它们分别保存到两个字符串中，并利用本章的字符串函数及 KMP 算法来编写程序，其代码如下：

```
    void GetNext(SqString t,int next[])        //由模式串 t 求出 next 值
    {
        int j,k;
        j=0;k=-1;next[0]=-1;
        while (j<t.length-1)
```

```
    {
        if (k==-1 || t.data[j]==t.data[k])        //k 为-1 或比较的字符相等时
        {
            j++;k++;
            next[j]=k;
        }
        else
        {
            k=next[k];
        }
    }
}


int KMPIndex(SqString s,SqString t)            //KMP 算法
{
    int next[MaxNum],i=0,j=0;
        GetNext(t,next);
    while (i<s.length && j<t.length)
    {
        if (j==-1 || s.data[i]==t.data[j])
        {
            i++;j++;                    //i,j 各向后移动一个位置
        }
        else
            j=next[j];                    //i 不回溯, j 后退
    }
    if (j>=t.length)
            return(i-t.length);            //返回目标串中匹配模式串的首字符下标
    else
            return(-1);                    //返回不匹配标志
}


int main()
{
    char text[100],keyword[100];
    int flag;
    SqString s,t;
    printf("请分别输入文本和关键字: \n") ;
    gets(text);
```

```
        gets(keyword);
        StrInitial(s,text);
        StrInitial(t,keyword);
        flag=KMPIndex(s,t);
        if(flag==-1)
            printf("没找到！\n");
        else
            printf("找到了！\n");
    }
```

以上代码当中使用 KMP 算法提高了关键字查找的效率，当然，我们还可以使用原始的 BF 算法来完成模式匹配的过程。

本 章 小 结

本章介绍了串及串的模式匹配的基本概念，讲解了串在顺序存储结构和链式存储结构的基本算法实现，重点要掌握串的 BF 及 BMP 算法的实现，通过模式匹配算法在现实中的应用举例，更好地掌握模式匹配算法。

习 题

一、单项选择题

1. 下面关于串的叙述中，哪一个是正确的？(   )

A. 串是字符的无限序列 B. 空串是由空格构成的串

C. 模式匹配是串的一种重要运算 D. 串只可以采用顺序存储，不可以采用链式存储

2. 串是一种特殊的线性表，其特殊性体现在(   )。

A. 可以顺序存储 B. 数据元素是一个字符

C. 可以链接存储 D. 数据元素是多个字符

3. 串的长度是指(   )。

A. 串中所含不同字母的个数 B. 串中所含字符的个数

C. 串中所含不同字符的个数 D. 串中所含非空格字符的个数

4. 设有两个串 p 和 q，其中 q 是 p 的子串，求 q 在 p 中首次出现的位置的算法称为(   )。

A. 求子串 B. 联接 C. 模式匹配 D. 求串长

5. 若串 s= "data"，其子串的个数是(   )。

A. 9 B. 11 C. 13 D. 15

二、填空题

1. 含零个字符的串称为_____串，任何串中所含_____的个数称为该串的长度。

2. 空格串是指_____，其长度等于_____。

3. 当且仅当两个串的_____相等并且各个对应位置上的字符都_____时，这两个串相等。一个串中任意个连续字符组成的序列称为该串的_____串，该串称为它所有子串的_____串。

4. BFindex（'structure'，'truc'）=_____。

5. 模式串 P="abaabc" 的 next[5]的函数值为_____。

第 5 章

数组和广义表

本章将讨论两种数据结构——数组和广义表。数组是具有相同类型的数据元素的有限序列，可以将它看作线性表的扩展。广义表采用递归方法定义，也可以看作线性表的扩展。本章主要介绍数组的基本概念和存储结构、矩阵的压缩存储，以及广义表的定义、存储结构及相关算法的设计。

5.1 数 组

5.1.1 数组的基本概念

数组是具有相同类型的数据元素的有限序列。其中，数据元素可以是基本数据类型，也可以是复合数据类型。例如，一维数组 A 中有 n 个数据元素 a_1, a_2, $\cdots$, a_n，其逻辑表示如下：

$$A=(a_1, a_2, \cdots, a_i, \cdots, a_n)$$

其中，$a_i(1 \leq i \leq n)$表示数组 A 的第 i 个元素，可以把一维数组看作一个线性表。

一个二维数组可以看作数组元素是一维数组的一维数组，一个三维数组可以看作数组元素是二维数组的一维数组，依此类推，任何多维数组都可以看作一个线性表。

通常，一个数组被定义之后，其数据元素数目固定不再有增减，每个数据元素的位置由唯一下标来标识。数组中通常有以下两种操作。

(1) 取操作(或读操作)：给定一组下标，读取相应的数据元素。

(2) 存操作(或写操作)：给定一组下标，存储或者修改相应的数据元素。

数组具有随机存储特性，可以随机存取数组中的任意数据元素。

5.1.2 数组的存储结构

在设计数组的存储结构时，通常采用顺序存储结构来实现。

1. 一维数组的存储结构

对于一维数组 A = $(a_1, a_2, \cdots, a_i, \cdots, a_n)$，按元素的逻辑顺序存储到一块连续的内存单元中，假设第一个数据元素 a_1 的存储地址用 LOC(a_1)表示，每个数据元素占用 k 个存储单元，则数组中任意数据元素 a_i 的存储地址 $LOC(a_i)$ 可由以下公式得出：

$$LOC(a_i) = LOC(a_1) + (i-1) \times k \tag{5-1}$$

通过式(5-1)可以计算出数组中任一元素的存储地址，即可直接存取数组中任一元素，而与数组的数据元素规模 n 无关，因此，数组具有随机存储特性。

2．二维数组的存储结构

一个 m 行 n 列的二维数组 $\mathbf{A}_{m \times n}$ 如下：

$$\mathbf{A} = \begin{bmatrix} a_{1,1} & a_{1,2} & \cdots & a_{1,n} \\ a_{2,1} & a_{2,2} & \cdots & a_{2,n} \\ \vdots & \vdots & & \vdots \\ a_{m,1} & a_{m,2} & \cdots & a_{m,n} \end{bmatrix}$$

可以将 $\mathbf{A}_{m \times n}$ 看作这样的一维数组：

$$\mathbf{A} = (\mathbf{A}_1, \mathbf{A}_2, \cdots, \mathbf{A}_i, \cdots, \mathbf{A}_m)$$

其中，$\mathbf{A}_i = (a_{i1}, a_{i2}, \cdots, a_{in})$，$1 \leq i \leq m$。

对于二维数组来说，其存储方式主要有两种：按行优先存放和按列优先存放。

1) 按行优先存放

二维数组按行优先存放即先存储第 1 行，然后存储第 2 行，依次类推，最后存储第 m 行，如图 5.1 所示。

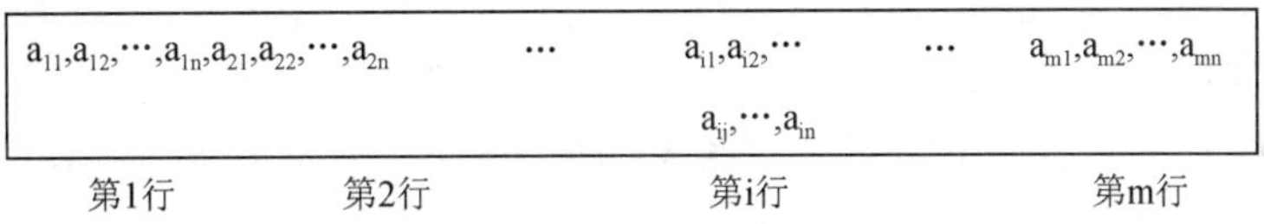

图 5.1　二维数组按行优先存储

假设第一个数据元素 a_{11} 的存储地址为 $LOC(a_{11})$，每个数据元素占 k 个存储单元，则二维数组中任一元素的存储地址 $LOC(a_{ij})$ 可由以下公式求出：

$$LOC(a_{ij}) = LOC(a_{11}) + [(i-1) \times n + (j-1)] \times k \tag{5-2}$$

2) 按列优先存放

二维数组按列优先存放即先存储第 1 列，然后存储第 2 列，依次类推，最后存储第 n 列，如图 5.2 所示。

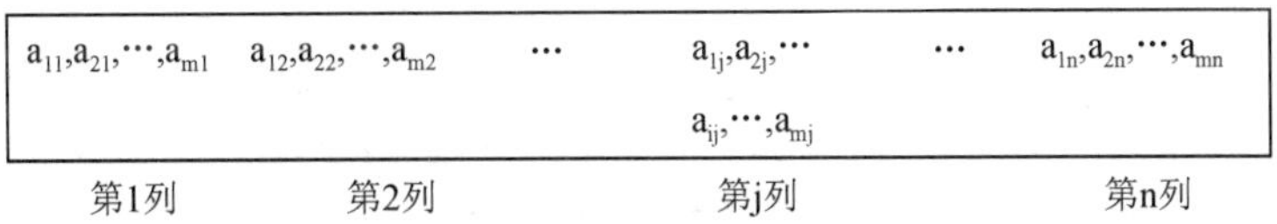

图 5.2　二维数组按列优先存储

与按行存储类似，可以由以下公式得出二维数组中任一数据元素的存储地址：

$$LOC(a_{ij}) = LOC(a_{11}) + [(j-1) \times m + (i-1)] \times k \tag{5-3}$$

从上可以看出，二维数组无论按行优先存储还是按列优先存储，任一数据元素的存储地址都可以通过公式(5-2)或公式(5-3)计算出来，体现了顺序存储的随机性。

5.2 矩阵的压缩存储

矩阵是很多科学与工程计算问题中研究的数学对象，通常用二维数组来表示它。在数值分析中经常出现一些高阶矩阵，矩阵中有很多值相同的数据元素或者零元素，有时为了节省存储空间，可以对这类矩阵进行压缩存储。所谓压缩存储是指为多个值相同的数组元素只分配一个存储空间，仅存储非零元素。

5.2.1 特殊矩阵

特殊矩阵是指非零元素或零元素的分布有一定的规律的矩阵。特殊矩阵主要包括对称矩阵、三角矩阵和对角矩阵等。

1. 对称矩阵

若一个 n 阶矩阵 **A** 中的元素满足以下条件

$$a_{ij}=a_{ji} \quad (1 \leqslant i, \ j \leqslant n)$$

则称 **A** 为 n 阶对称矩阵。

对称矩阵中数据元素是按主对角线对称的，可以为每一对对称元素分配一个存储空间，则可以将 n^2 个数据元素压缩存储到 n(n+1)/2 个存储空间中。不失一般性，可以以行序为主序的方式存储其下三角和主对角线上的数据元素。

假设以一维数组 B 作为 n 阶对称矩阵 **A** 的存储结构，且从 B[1]开始存储，则 B[k]和对称矩阵中任一数据元素 a_{ij} 存在一一对应的关系：

$$k = \begin{cases} \dfrac{i(i-1)}{2} + j & (i \geqslant j) \\ \dfrac{j(j-1)}{2} + i & (i < j) \end{cases}$$

对于任一给定下标(i, j)，均可在 B 中找到矩阵中的数据元素 a_{ij} 的存储位置；反之，对所有 k=1，2，…，n(n+1)/2，都能确定 B[k]中的数据元素在矩阵中的位置(i, j)。由此，称 B 为 n 阶对称矩阵 **A** 的压缩存储，如图 5.3 所示。

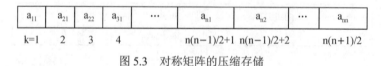

a_{11}	a_{21}	a_{22}	a_{31}	…	a_{n1}	a_{n2}	…	a_{nn}
k=1	2	3	4		n(n−1)/2+1	n(n−1)/2+2		n(n+1)/2

图 5.3 对称矩阵的压缩存储

2. 三角矩阵

以主对角线划分，三角矩阵可分为上三角矩阵和下三角矩阵。所谓上三角矩阵是指矩阵下三角部分中的元素均为常数 c 的 n 阶矩阵。同样，下三角矩阵是指矩阵的上三角部分中的元素均为常数 c 的 n 阶矩阵。

三角矩阵进行压缩存储时，除了和对称矩阵一样，存储其上(下)三角部分和主对角线上的元素外，再加一个存储常数 c 的存储空间即可。

1）上三角矩阵

B[k]和矩阵元素 a_{ij} 的对应关系为

$$k = \begin{cases} \dfrac{(2n-i+1)(i-1)}{2}+j-1 & (j \geqslant i) \\[3mm] \dfrac{n(n+1)}{2}+1 & (j < i) \end{cases}$$

2）下三角矩阵

B[k]和矩阵元素 a_{ij} 的对应关系为

$$k = \begin{cases} \dfrac{i(i-1)}{2}+j & (i \geqslant j) \\[3mm] \dfrac{n(n+1)}{2}+1 & (i < j) \end{cases}$$

3．对角矩阵

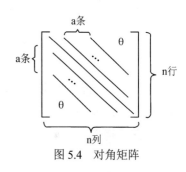

对角矩阵中所有非零元素都集中在以主对角线为中心的带状区域中，即除了主对角线上和直接在对角线上、下方若干条对角线上的元素之外，所有其他的元素皆为零，如图 5.4 所示。

对于对角矩阵而言，可以按某个原则(以行为主序或以对角线的顺序)将其压缩存储到一个一维数组中。

以上介绍的三种特殊矩阵，非零元素的分布都有明显的规律，从而可将其压缩存储到一维数组中，并找到每个非零元素在一维数组中的对应关系。

图 5.4　对角矩阵

【**例 5.1**】　若将 n 阶上三角矩阵 **A** 按列优先顺序压缩存放在一维数组 B[1…n (n+1)/2] 中，矩阵 **A** 中第一个非零元素 $a_{1,1}$ 存于 B 数组的 b_1 中，则应存放到 b_k 中的非零元素 $a_{i,j}(i \leqslant j)$ 的下标 i、j 与 k 的对应关系是(　　)。

A．i(i+1)/2+j　　　　B．i(i-1)/2+j　　　　C．j(j+1)/2+i　　　　D．j(j-1)/2+i

解　由题意可知 1～j-1 列的元素个数：j(j-1)/2，第 j 列 a_{ij} 之前的元素个数：i-1，k = j(j-1)/2+i-1+1=j (j-1)/2+i，所以正确答案选 D。

对于特殊矩阵的压缩存储的对应关系，首先要看矩阵存储是按行还是按列，数组下标从 0 开始还是从 1 开始，不能一看到压缩存储问题就直接代入公式，要做到具体问题具体分析。

思政感悟：具体问题具体分析是指在矛盾普遍性原理的指导下，具体分析矛盾的特殊性，并找出解决矛盾的正确方法。要求我们在做事、想问题时，要根据事情的不同情况采取不同措施，不能一概而论。我们学习了矩阵的压缩存储，可以发现不同类型的矩阵采用不同的方式存储。一般的矩阵可以采用一个一维数组顺序存储，对于特殊矩阵当然也可以采用一维数组顺序存储，由于矩阵元素的特殊性，可以存储其中的一部分元素即压缩存储，从而节省存储空间，提高内存的利用率。如果日常学习和生活中遇到问题千万不要一概而论，要秉承着具体问题具体分析的原则，有针对性地制定解决方案，更加高效地解决问题。

5.2.2 稀疏矩阵

实际应用中还会遇到一类矩阵，其非零元素非常少，且分布没有一定的规律，这类矩阵称为稀疏矩阵。例如，图 5.5 中 **M** 是一个 6×7 的矩阵，42 个元素中只有 8 个非零元素，可以称 **M** 为稀疏矩阵。

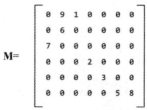

$$\mathbf{M}=\begin{bmatrix} 0 & 9 & 1 & 0 & 0 & 0 & 0 \\ 0 & 6 & 0 & 0 & 0 & 0 & 0 \\ 7 & 0 & 0 & 0 & 0 & 0 & 0 \\ 0 & 0 & 0 & 2 & 0 & 0 & 0 \\ 0 & 0 & 0 & 0 & 3 & 0 & 0 \\ 0 & 0 & 0 & 0 & 0 & 5 & 8 \end{bmatrix}$$

图 5.5　稀疏矩阵

不同于前面特殊矩阵的压缩存储，由于稀疏矩阵中非零元素的分布没有任何规律，所以存储非零元素时必须同时存储该非零元素的值和其在矩阵中的位置。这样稀疏矩阵中的每一个非零元素由一个三元组$(i，j，a_{ij})$表示，稀疏矩阵中所有的非零元素构成了三元组线性表。例如，图 5.5 中的稀疏矩阵 **M** 对应的三元组线性表为

$((1，2，9)，(1，3，1)，(2，2，6)，(3，1，7)，(4，4，2)，(5，5，3)，(6，6，5)，(6，7，8))$

由上述三元组线性表不同的存储结构，介绍两种常用的稀疏矩阵压缩存储的方法：三元组表和十字链表。

1. 三元组表

如果稀疏矩阵的三元组线性表按顺序存储结构存储，则称为稀疏矩阵的三元组顺序表，简称三元组表。三元组表的数据类型声明如下：

```
#define M   6              //矩阵行数
#define N   7              //矩阵列数
#define MaxSize   20       //矩阵中非零元素最多个数
typedef struct
{   int r;                 //行号
    int c;                 //列号
    ElemType d;            //元素值
} TupNode;                 //三元组定义
typedef struct
{   int rows;              //行数值
    int cols;              //列数值
    int nums;              //非零元素个数
    TupNode data[MaxSize];
} TSMatrix;                //三元组顺序表定义
```

其中，data 域中表示的非零元素通常以行序为主序进行排序，如图 5.6 所示。这样可以简化

大多数稀疏矩阵的运算，后面介绍的算法都假设 data 域按行序进行有序存储。

r	c	d
1	2	9
1	3	1
2	2	6
3	1	7
4	4	2
5	5	3
6	6	5
6	7	8

图 5.6　稀疏矩阵的三元组表

稀疏矩阵的运算包括矩阵转置、矩阵加减和矩阵乘法等，这里仅讨论一些基本运算算法。

1) 创建三元组表

```
void CreatMat(TSMatrix &t,ElemType A[M][N])
{   int i,j; t.rows=M; t.cols=N; t.nums=0;
    for (i=1;i<=M;i++)
    {   for (j=1;j<=N;j++)
        if (A[i][j]!=0)
        {   t.data[t.nums].r=i;
            t.data[t.nums].c=j;
              t.data[t.nums].d=A[i][j];
            t.nums++;
        }
    }
}
```

2) 三元组元素赋值

```
bool Value(TSMatrix &t,ElemType x,int i,int j)
{   int k=0,k1;
    if (i>=t.rows || j>=t.cols)
        return false;                              //失败时返回 false
    while (k<t.nums && i>t.data[k].r) k++;          //查找行
    while (k<t.nums && i==t.data[k].r && j>t.data[k].c) k++;   //查找列
    if (t.data[k].r==i && t.data[k].c==j)          //存在这样的元素
        t.data[k].d=x;
    else                                           //不存在这样的元素时插入一个元素
    {   for (k1=t.nums-1;k1>=k;k1--)
        {   t.data[k1+1].r=t.data[k1].r;
            t.data[k1+1].c=t.data[k1].c;
```

```
            t.data[k1+1].d=t.data[k1].d;
        }
        t.data[k].r=i;t.data[k].c=j;t.data[k].d=x;
        t.nums++;
    }
    return true;                      //成功时返回 true
}
```

3) 矩阵转置

转置是最简单的一种矩阵运算。对于一个 m×n 的矩阵 **M**，它的转置矩阵是一个 n×m 的矩阵 **N**，且 $N(i, j) = M(j, i)$，其中 $1 \leqslant i \leqslant m$，$1 \leqslant j \leqslant n$。算法的思路是矩阵 **M** 对应的三元组表为 t，其转置矩阵 **N** 对应的三元组表为 tb。按 v=1，2，…，t.cols 在 t 中找列号为 v 的元素，每找到一个，将行、列交换后添加到 tb 中。

```
void TranTat(TSMatrix t,TSMatrix &tb)
{   int p,q=0,v;                        //q 为 tb.data 的下标
    tb.rows=t.cols;  tb.cols=t.rows;  tb.nums=t.nums;
    if (t.nums!=0)                      //当存在非零元素时执行转置
    {
        for (v=1;v<=t.cols;v++)         //tb.data[q]中记录以列序排列
        for (p=0;p<t.nums;p++)          //p 为 t.data 的下标
            if (t.data[p].c==v)
            {   tb.data[q].r=t.data[p].c;
                tb.data[q].c=t.data[p].r;
                tb.data[q].d=t.data[p].d;
                q++;
            }
    }
}
```

以上算法中含有两重 for 循环，其时间复杂度为 O (t.cols*t.nums)。

2. 十字链表

十字链表是稀疏矩阵的一种链式存储结构。有如下稀疏矩阵：

$$\mathbf{B} = \begin{bmatrix} 3 & 0 & 0 & 5 \\ 0 & 0 & 2 & 0 \\ 0 & 0 & 0 & 4 \end{bmatrix}$$

创建稀疏矩阵 **B** 的十字链表的步骤如下：

(1) 对于稀疏矩阵中每个非零元素创建一个结点存放它，结点中除了包含非零元素的行号、列号和元素值之外，还有两个链域：向下域(down)用以链接同一列中下一个非零元素，向右域(right)用以链接同一行中下一个非零元素，如图5.7(a)所示。

(2) 将同一行所有的结点通过域 right 构成一个带头结点的循环单链表，矩阵 **B** 中共有 3 行，对应 3 个循环单链表。

(3) 将同一列的所有结点通过过域 dowm 构成一个带头结点的循环单链表，矩阵 **B** 中共有 4 列，对应 4 个循环单链表。

由此创建了 7 个循环单链表，头结点的个数也为 7 个。为了方便运算，可以把头结点也设五个域，如图 5.7(b)所示。

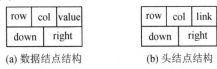

(a) 数据结点结构 　　　　　　(b) 头结点结构

图 5.7　十字链表的结点结构

(4) 再将所有的头结点连起来构成一个带头结点 hm 的单链表，头结点 hm 中存放稀疏矩阵的行数和列数等信息。

采用上述过程创建稀疏矩阵 **B** 的链式存储结构中，每个非零元素既是第 i 行循环链表中的第一个结点，又是第 j 列循环链表中的第一个的结点，好比处于一个十字交叉路口，由此称为十字链表，如图 5.8 所示。

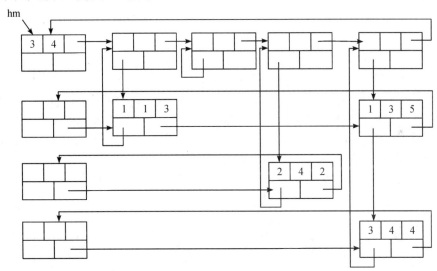

图 5.8　稀疏矩阵 **B** 的十字链表

由于稀疏矩阵十字链表的运算算法设计比较复杂，这里不再赘述。

5.3　广　义　表

5.3.1　广义表的定义

广义表是线性表的推广，是有限个元素的序列，其逻辑结构采用括号表示法，表示如下：

$$GL=(a_1，a_2，\cdots，a_i，\cdots，a_n)$$

其中，n 表示广义表的长度，即广义表中所包含元素的个数，n≥0。n=0 时称为空表。a_i 为广义表的第 i 个元素，如果 a_i 是单个数据项，称之为广义表 GL 的原子；如果 a_i 又是一个广义表，称之为广义表 GL 的子表。显然，广义表的定义是一个递归的定义。

广义表具有以下重要性质：

(1) 广义表的长度定义为最外层包含的元素个数。

(2) 广义表的深度定义为所含括弧的重数。其中，原子的深度为 0，空表的深度为 1 。

(3) 广义表 GL 的表头为第一个元素 a_1，其余部分$(a_2, \cdots, a_n)$为 GL 的表尾。一个广义表的表尾始终是一个广义表。空表无表头表尾。

(4) 广义表可以是一个递归的表，即广义表可以是自己的子表，这种广义表称为递归表。递归表的深度是无穷值，而长度是有限值。

(5) 广义表可以共享，一个广义表可以被其他广义表共享。

下面列举一些广义表的例子，小写字母表示原子，大写字母表示广义表的表名。

$$A =()$$
$$B =(e)$$
$$C =(a, (b, c, d))$$
$$D =(A, B, C)=((), (e), (a, (b, c, d)))$$
$$E =(a, E)$$
$$F =(())$$

其中，A 是一个空表，长度为 0，深度为 1；B 是一个只含有单个原子 e 的表，其长度、深度均为 1；C 中有两个元素，一个原子 a，另一个是子表，C 的长度、深度均为 2；D 中有 3 个元素，每个元素又是一个子表，D 的长度、深度均为 3；E 是一个递归表，其长度为 2，相当于一个无限表$(a, (a, (a, \cdots)))$，深度无穷大；F 不是空表，是含有空表的广义表，其长度、深度均为 1，F 的表头、表尾均为空表。

如果用圆圈表示表，用方框表示原子，则可以得到广义表 D 的图形表示如图 5.9 所示。

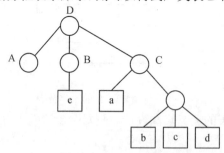

图 5.9　广义表 D 的图形表示

由广义表的性质可知，任何一个非空广义表其表头可能是原子，也可能是表，但是其表尾一定是广义表。可以通过 Head(GL)和 Tail(GL)来取表头和表尾。例如，前面列举的广义表：

A 为空表，无表头表尾

Head(B)=e，Tail(B)=()

Head(C)=a，Tail(C)=((b, c, d))

Head(D)=A，Tail(D)=(B, C)

需要注意的是表( )和表(( ))不同，前者为空表，无表头表尾，n=0；后者表头表尾均为空表，n=1。

5.3.2　广义表的存储

广义表中的数据元素具有不同的结构，或者是原子，或者是子表，因此难以用顺序存储结构表示，通常采用链式存储结构，每个数据元素可用一个结点表示。广义表有两类结点：一种是表结点，对应子表；另一类是原子结点，对应原子。为了保持一致性，两类结点可用如下结构形式：

tag	hp/data	tp

其中，tag 域为标志字段，用于区分两类结点：若 tag=0，表示该结点为原子结点，第二个域为 data，存放原子的信息；若 tag=1，表示结点为表结点，第二个域为 hp，存放子表中第一个结点的地址。tp 域存放同一层的下一个结点的地址，如果没有时，其值为 NULL。

例如，前面广义表 D 的链式存储结构如图 5.10 所示。

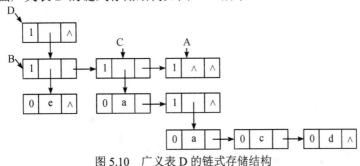

图 5.10　广义表 D 的链式存储结构

采用 C/C++语言描述广义表的结点类型 GLNode，其声明如下：

```
typedef struct lnode
{   int tag;                    //结点类型标识
    union
    { ElemType data;            //存放原子值
      struct lnode *hp;         //指向子表的指针
    } val;
    struct lnode *tp;           //指向下一个元素
} GLNode;
```

5.3.3　广义表的运算

和线性表类似，可对广义表进行的操作有查找、插入和删除等。由于广义表在结构上比线性表复杂得多，因此广义表的操作实现也比较复杂。下面介绍广义表的三种操作，约定所讨论的广义表都是非递归且无共享子表。

1. 求广义表的长度

在广义表中，同一层次的每个结点是通过 tp 域链接起来的，可以将其看成带头结点的单链表。

```
    int GLLength(GLNode *g)          //求广义表 g 的长度
    {   int n=0;                     //累计元素的个数，初始值为 0
        GLNode *g1;
        g1=g->val.hp;                //g1 指向广义表的第一个元素
        while (g1!=NULL)             //扫描所有元素结点
        {  n++;                      //元素个数增 1
           g1=g1->tp;
        }
        return n;                    //返回元素个数
    }
```

2. 求广义表的深度

对于广义表 g，其深度等于所有元素的最大深度加 1。若 g 为原子，其深度为 0，求广义表深度的算法如下：

```
    int GLDepth(GLNode *g)           //求广义表 g 的深度
    {   GLNode *g1;  int maxd=0, dep;
        if (g->tag==0) return 0;     //为原子时返回 0
        g1=g->val.hp;                //g1 指向第一个元素
        if (g1==NULL) return 1;      //为空表时返回 1
        while (g1!=NULL)             //遍历表中的每一个元素
        {   if (g1->tag==1)          //元素为子表的情况
            {   dep=GLDepth(g1);     //递归调用求出子表的深度
              if (dep>maxd)          //maxd 为同层子表深度的最大值
                 maxd=dep;
            }
            g1=g1->tp;               //使 g1 指向下一个元素
        }
        return(maxd+1);              //返回表的深度
    }
```

3. 建立广义表的链式存储结构

假设广义表的逻辑结构采用括号表示法，其中的数据元素类型 ElemType 为 char 类型，即每个原子为单个英文字母，元素之间用一个逗号隔开，表的起止符号分别为左、右圆括号，空表用#表示。例如，(a, (b, c, d), #)就是一个广义表的括号表示。

建立广义表链式存储结构的算法是一个递归算法。算法的执行过程是从头到尾扫描广义表的括号表示的字符串 s，根据不同类型的字符进行不同的处理。具体过程如下：

(1) 当遇到"("时，说明是表或者子表的开始，创建一个指针 g 指向表结点，并用它的 hp 域作为子表的表头指针进行递归调用来建立子表的存储结构。

(2) 当遇到一个英文字母时，说明它是一个原子，应创建一个原子结点 h。

(3) 当遇到一个")"时，说明前面的表或者子表已经处理完毕，则将 g 置为空。

（4）当遇到一个"#"时，说明表或者子表是空表，则将 g->val.hp 置为空。

（5）当建立一个 g 指向的原子结点后，接着遇到","时，说明当前结点还存在兄弟结点需要创建当前结点的后继结点；否则说明当前结点没有兄弟了，则将当前结点的 tp 域置为空。

具体算法如下：

```
GLNode *CreateGL(char *&s)
//返回由括号表示 s 建立的广义表链式存储结构
{   GLNode *g;
    char ch=*s++;                       //取一个字符
    if (ch!='\0')                       //若 s 未扫描完
    {   g=(GLNode *)malloc(sizeof(GLNode));    //创建一个新结点
        if (ch=='(')                    //当前字符为左括号时
        {   g->tag=1;                   //新结点作为表/表头结点
            g->val.hp=CreateGL(s);      //递归构造子表并链到表头结点
        }
        else if (ch=='#')              //遇到'#'字符,表示空表
            g=NULL;
        else                            //为原子字符
        {   g->tag=0;                   //新结点作为原子结点
            g->val.data=ch;
        }
    }
    else                                //若 s 扫描完,g 置为空
        g=NULL;
    ch=*s++;                            //取下一个字符
    if (g!=NULL)                        //s 未扫描完,继续构造兄弟结点
    {
        if (ch==',')                    //当前字符为','
            g->tp=CreateGL(s);          //递归构造兄弟结点
        else                            //没有兄弟结点了,将兄弟指针置为 NULL
            g->tp=NULL;
    }
    return g;                           //返回广义表 g
}
```

该算法需要扫描输入广义表括号表示中的所有字符，所以算法的时间复杂度为 O(n)，n 表示广义表中所有字符的个数。这个算法中既包含子表的递归调用，又包含兄弟结点的递归调用，递归调用的最大深度不会超过生成广义表中所有结点的个数，所以其空间复杂度为 O(n)。

本 章 小 结

本章介绍了一维数组、二维数组的顺序存储结构和元素地址的计算方法、特殊矩阵的压缩存储方法、稀疏矩阵的存储结构及特点以及广义表的存储结构和相关算法，在掌握上述知识点的基础上能综合运用数组和广义表解决一些复杂的实际问题。

习 题

一、单项选择题

1. 定义二维数组 int a[3][4]，以下对数组 a 的数据元素正确引用的是(　　)。

A. a[3][3]   B. a[2,3]   C. a[3-1][3]   D. a[1][4]

2. 有二维数组 a[5][6]采用按行序优先存储，数组的起始地址是 1000，若每个元素占用 2 个字节，则元素 a[2][4]的存储地址为(　　)。

A. 1020   B. 1032   C. 1034   D. 1018

3. 一个 n 阶对称矩阵 **A** 采用压缩存储在一维数组 B 中，则 B 包含(　　)个元素。

A. n(n−1)/2   B. n*n   C. n   D. n(n+1)/2

4. 一个稀疏矩阵采用压缩后，和直接采用一维数组存储相比会失去(　　)特性。

A. 顺序存储   B. 随机存储   C. 输入/输出   D. 以上都不对

二、应用题

1. 如果某个一维数组 A 的元素个数 n 很大，存在大量值重复的元素，且所有值相同的元素紧挨在一起，请设计一种压缩存储方式使得存储空间更节省。

2. 求下列广义表运算的结果。

(1) Head(x，y，z)；

(2) Tail((a，b)，(x，y)，z)。

3. 试设计一个算法，计算一个三元组表表示的稀疏矩阵的对角线元素之和。

第6章

树和二叉树

前面介绍了几种常用的线性结构，本章将介绍一种重要的非线性数据结构——树型结构。树型结构是以分支关系定义的层次结构。本章主要讨论树和二叉树的基本概念、性质及相关算法的设计与实现。

6.1　树的基本概念

6.1.1　树的定义

树(Tree)是由 n(n≥0)个结点组成的有限集合。n=0 时为一棵空树，n>0 时为非空树。对于非空树 T：(1) 有且仅有一个结点作为树的根结点；(2) 除根结点以外的其余结点可以分为 m(m>0)个互不相交的有限集 T_1，T_2，…，T_m，其中每个子集本身又是一棵树，称为根结点的子树(SubTree)。

如图 6.1 所示，树 T 是一棵树，A 是根结点，其余结点分成 3 个互不相交的子集：T_1={B,E,F,J}，T_2={C,G}，T_3={D,H,I,K,L,M}。T_1、T_2、T_3 都是根结点 A 的子树，同时 T_1、T_2、T_3 本身也均为一棵树。例如，T_1 的根结点为 B，其余结点分为两个互不相交的子集：T_{11}={E,J}，T_{12}={F}。T_{11}、T_{12} 都是结点 B 的子树，且本身也均为一棵树。T_{11} 中的根结点是 E，{J}是 E 的子树，其本身又是只有一个根结点的树。

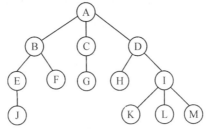

图 6.1　树 T

从上描述可以看出，树的定义是递归的，即在树的定义中又用到树的定义，这也体现了树的固有特性。除了图 6.1 中的树形表示形式，树还可以有其他的表示形式，如图 6.2 所示。

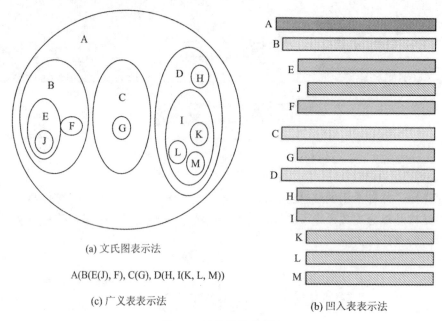

(a) 文氏图表示法

A(B(E(J), F), C(G), D(H, I(K, L, M))

(c) 广义表表示法

(b) 凹入表表示法

图 6.2　树的其他表示法

说明：

(1) 文氏图表示法：使用集合以及集合的嵌套关系描述树结构。

(2) 凹入表示法：使用线段的伸缩关系描述树结构。

(3) 广义表表示法：根写在广义表的左边，基本形式：根(子树 1，子树 2，…，子树 m)。

一般来说，具有层次关系的数据都可以用树结构来表示。树常用的基本运算有：

InitTree(T)：初始化一棵空树 T；

DestroyTree(T)：销毁树，释放树 T 占用的存储空间；

TreeHeight(T)：求树 T 的高度；

Partent(T, p)：求树 T 中结点 p 的双亲结点；

Child(T, p, i)：求树 T 中结点 p 的第 i 个孩子结点；

Brother(T, p)：求树 T 中结点 p 的所有兄弟结点；

Traverse(T)：遍历树，按某种次序依次访问树 T 中的所有结点，并且每个结点只能被访问一次。

关于算法的具体实现将在后面章节中详细介绍，这里不再展开讨论。

6.1.2　树的基本术语

下面介绍树结构中的常用术语。

(1) 结点的度与树的度：树中一个结点的子树的个数称为该结点的度。树中各结点的度的最大值称为树的度，通常将度为 m 的树称为 m 次树或者 m 叉树。例如，图 6.1 中树 T 是一颗 3 次树。

(2) 分支结点与叶结点：度不为零的结点称为非终端结点，又叫分支结点。度为零的结点称为终端结点或叶结点(或叶子结点)。度为 1 的结点称为单分支结点；度为 2 的结点称为双分支结点,依此类推。例如,图 6.1 所示树 T 中,B、D 是双分支结点,E、C 是单分支结点,F、G、H、J、K、L、M 是叶子结点。

(3) 路径与路径长度:两个结点 d_i 和 d_j 的结点序列$(d_i,d_{i1},d_{i2},\cdots,d_j)$称为路径。其中$<d_x,d_y>$是分支。路径长度等于路径所通过的结点数目减 1(即路径上分支数目)。

(4) 孩子结点、双亲结点和兄弟结点:在一棵树中,每个结点的后继,被称作该结点的孩子结点(或子女结点)。相应地,该结点被称作孩子结点的双亲结点(或父母结点)。具有同一双亲的孩子结点互为兄弟结点。

(5) 子孙结点和祖先结点:在一棵树中,一个结点的所有子树中的结点称为该结点的子孙结点。从根结点到达一个结点的路径上经过的所有结点被称作该结点的祖先结点。

(6) 结点的层次和树的高度:树中的每个结点都处在一个层次上。结点的层次从树根开始定义,根结点为第 1 层,它的孩子结点为第 2 层,以此类推,一个结点所在的层次为其双亲结点所在的层次加 1。树中结点的最大层次称为树的高度(或树的深度)。

(7) 有序树和无序树:若树中各结点的子树是按照一定的次序从左向右排列的,且相对次序是不能随意变换的,则称为有序树,否则称为无序树。

(8) 森林:n(n≥0)个互不相交的树的集合称为森林。把含有多棵子树的树的根结点删去就成了森林。

6.1.3　树的存储结构

树的存储包括这颗树的结点信息及结点之间的逻辑关系,树的存储也有顺序和链式两类存储结构。

1. 顺序存储结构

双亲存储结构是一种顺序存储结构,是用一组连续空间存储树的所有结点,同时每个结点中附设一个伪指针指示其双亲结点的位置(根结点的双亲结点位置设置为-1)。双亲存储结构的类型声明如下:

```
typedef struct
{
    ElemType data;
    int parent;
}PTree[MaxSize];
```

例如,图 6.3 所示为一棵树及其双亲存储结构。

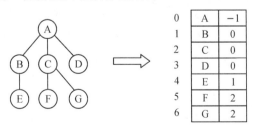

图 6.3　一棵树及其双亲存储结构

这种存储结构利用了每个结点(除根结点外)只有唯一双亲的性质,寻找某一个结点的双亲结点十分容易，但求结点的孩子结点时则需要遍历整个存储结构。如图 6.3 中结点 B 的双亲结点为 A，通过结点 B 旁边的伪指针 0 可以找到其双亲结点，即在位置 0 的结点 A。

2. 链式存储结构

1) 孩子链存储结构

孩子链存储结构中，每个结点有一个数据域、多个指针域。其中，数据域存储结点信息，每个指针指向其中一个孩子结点。虽然树中每个结点的子树个数不同，但所有结点中子树最大值即树的度是唯一的。为了方便存储，按树的度来设计结点的指针域个数。孩子链存储结构的类型声明如下：

```
typedef struct node
{
    ElemType data;
    struct node *psons[maxsons];
}TSonNode;
```

例如，图 6.4 所示为一棵树及其孩子链存储结构。

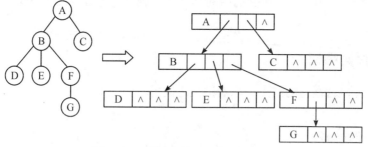

图 6.4　一棵树及其孩子链存储结构

孩子链存储结构的特点是查找某结点的孩子结点很方便，如图 6.4 中查找结点 A 的孩子结点，通过结点 A 中的指针域可以找到其孩子结点 B 和结点 C。

2) 孩子兄弟链存储结构

孩子兄弟链存储结构中，每个结点有一个数据域、两个指针域。其中，数据域存储结点信息，一个指针指向结点的第一个孩子结点(长子)，另一个指针指向结点的下一个兄弟结点。孩子兄弟链存储结构的类型声明如下：

```
typedef struct tnode
{
    ElemType data;
    struct tnode *sp;      //指向长子
    struct tnode *bp;      //指向兄弟结点
}TSBNode;
```

例如，图 6.5 所示为一棵树及其孩子兄弟链存储结构。

孩子兄弟链存储结构中有两个固定的指针域，所以也称为二叉链表表示法。二叉链表是二叉树的存储结构，所以，孩子兄弟链存储结构可以方便地实现树与二叉树的相互转换。这种存储结构也可以方便地找到某一结点的所有孩子结点。如图 6.5 中查找结点 A 的孩子结点,通过结点 A 的第一个指针可以找到其长子 B,再通过结点 B 的第二个指针可以找到结点 B 的兄弟结点 C,即结点 A 的孩子结点是结点 B 和结点 C。

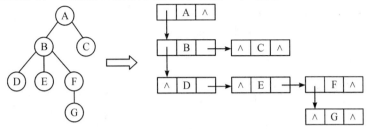

图 6.5　一棵树及其孩子兄弟链存储结构

6.1.4　树的遍历

树的结点之间的逻辑关系要比线性结构复杂一些,所以树的运算比线性结构的运算复杂很多,这里只介绍树的遍历运算。

树的遍历运算是指按某种方式访问树中的每一个结点且每一个结点只被访问一次。树的遍历方法主要有先根遍历、后根遍历和层次遍历。

1. 先根遍历

先根遍历的过程如下:

若树不空,则先访问根结点,然后从左到右依次先根遍历根结点的各棵子树。例如,先跟遍历图 6.5 中的树得到的结点序列为 ABDEFGC。

2. 后根遍历

后根遍历的过程如下:

若树不空,则先从左到右依次后根遍历根结点的各棵子树,然后访问根结点。例如,后跟遍历图 6.5 中的树得到的结点序列为 DEGFBCA。

3. 层次遍历

层次遍历的过程如下:

若树不空,则自上而下、自左至右访问树中每个结点。

例如,层次遍历图 6.5 中的树得到的结点序列为 ABCDEFG。

6.2　二 叉 树

二叉树是另一种树型结构,它的特点是每个结点最多只有两棵子树,即树的度不大于 2,并且二叉树的子树有左右之分,顺序不能任意调换。

6.2.1　二叉树的定义

二叉树是有限的结点集合,这个集合或者是空,或者由一个根结点和两棵互不相交的称为左子树和右子树的二叉树组成。

　　显然，二叉树的定义也是一个递归定义。由于左子树和右子树两棵子树也是二叉树，所以左子树和右子树也可以是空树。由此，二叉树可以有五种基本形态，如图 6.6 所示。其中，(a)表示一棵空树；(b)表示仅有根结点的二叉树；(c)表示右子树为空的二叉树；(d)表示左子树为空的二叉树；(e)表示左、右子树均非空的二叉树。

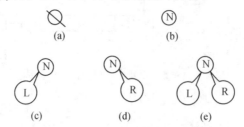

图 6.6　二叉树的五种基本形态

　　二叉树是可以采用树的逻辑结构来表示，有树形表示法、文氏图表示法、凹入表示法和广义表表示法等。此外，树的所有术语对于二叉树都适用，这里不再讨论。

　　注意：二叉树和二次树是不同的。二次树中度为 1 的结点的孩子不分左、右孩子；而二叉树中度为 1 的结点的孩子需要区分左孩子结点和右孩子结点。

　　下面介绍两种特殊的二叉树：满二叉树和完全二叉树。

　　在一棵二叉树中，如果所有分支结点都有双分支结点，并且叶子结点都集中在二叉树的最下一层，这样的二叉树称为满二叉树。如图 6.7(a)所示为一棵满二叉树。

　　在一棵二叉树中，如果最多只有下面两层的结点的度数小于 2，并且最下面一层的叶子结点都依次排列在该层最左边的位置上，这样的二叉树称为完全二叉树。如图 6.7(b)所示为一棵完全二叉树。

　　如果对满二叉树和完全二叉树的结点按层序依次进行编号，可以看出，满二叉树是一种特殊的完全二叉树，并且高度相同的完全二叉树和满二叉树在对应位置的结点编号相同。如图 6.7(b)所示，完全二叉树与等高的满二叉树相比在最后一层少了 5 个结点。

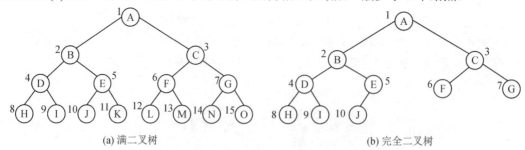

(a) 满二叉树　　　　　　　　　　　　　　(b) 完全二叉树

图 6.7　满二叉树和完全二叉树

6.2.2　二叉树的性质

　　二叉树具有下列重要性质。

性质 1　非空二叉树的第 i 层上最多有 2^{i-1} 个结点($i \geqslant 1$)。

证明　可以利用归纳法进行证明。

i=1 时，即只有一个根结点时，$2^{i-1}=2^0=1$，显然命题成立。

假设对所有的 j(1≤j≤i-1)命题都成立，则在第 j 层上最多有 2^{j-1} 个结点。j=i-1 时，即第 i-1 层最多有 2^{i-2} 个结点。由于二叉树的每个结点的度最多为 2，所以在第 i 层上的最大结点数为第 i-1 层上最大结点数的 2 倍，即 $2\times2^{i-2}=2^{i-1}$，故 j = i 时命题也成立。

性质 2　高度为 h 的二叉树最多有 2^h-1 个结点(h≥1)。

证明　由性质 1 可知，二叉树第 i(1≤i≤h)层上最多有 2^{i-1} 个结点，则高度为 h 的二叉树每一层结点个数最多的时候，二叉树总的结点个数最多，即最多结点数=$2^0+2^1+2^2+\cdots+2^{h-1}=2^h-1$。

性质 3　非空二叉树中的叶子结点个数等于双分支结点个数加 1。

证明　设二叉树中叶子结点个数为 n_0，单分支结点个数为 n_1，双分支结点个数为 n_2，总结点个数为 n，则有结点数关系式 $n=n_0+n_1+n_2$。

再看分支数，由于二叉树中除了根结点以外，每个结点都有唯一的前驱结点即都有唯一的分支指向它，所以二叉树中的总分支数=n-1。二叉树中所有结点分支数(即所有结点度数之和)应为单分支结点数再加上双分支结点数的二倍，即总分支数=n_1+2n_2。所以有分支数关系式 $n-1=n_1+2n_2$。由二叉树的结点数关系式和分支数关系式可以推导出 $n_0=n_2+1$。

性质 4　具有 n 个结点的完全二叉树的高度为⌊lbn⌋+1。

证明　假设二叉树的高度为 h，则根据性质 2 和完全二叉树的定义有

$$2^{h-1}-1<n\leq2^h-1$$

于是 $2^{h-1}\leq n<2^h$，取对数后得到 h-1≤lbn<h。由于 h 是整数，所以 h=⌊lbn⌋+1。

说明：符号⌊x⌋表示不大于 x 的最大整数。

性质 5　对完全二叉树中 n 个结点按层编号，则对任一结点 i(1≤i≤n)，有：

(1) 若 n 为奇数，则每个分支结点都既有左孩子结点，又有右孩子结点；若 n 为偶数，则编号最大的分支结点只有左孩子结点，没有右孩子结点，其余分支结点都有左孩子结点和右孩子结点。

(2) 若 i≤⌊h/2⌋，则编号为 i 的结点为分支结点，否则为叶子结点。

(3) 除树根结点外，若一个结点的编号为 i，则它的双亲结点的编号为⌊i/2⌋。

(4) 若编号为 i 的结点有左孩子结点，则左孩子结点的编号为 2i；若编号为 i 的结点有右孩子结点，则右孩子结点的编号为 2i+1。

证明　可以采用归纳法证明，证明过程略。

6.2.3　二叉树的存储结构

二叉树有顺序存储和链式存储两类存储结构。

1. 二叉树的顺序存储结构

二叉树的顺序存储结构是用一个数组存储一棵二叉树。例如，对于图 6.7(b)中的完全二叉树，可以用一维数组按从上到下、从左到右的顺序存储二叉树中所有的结点，编号为 i 的结点存放在下标为 i 的位置中，如图 6.8 所示。

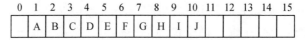

图 6.8   完全二叉树的顺序存储结构

对于一般的二叉树，采用顺序存储时也需按完全二叉树的形式来存储，会浪费大量的存储空间，如图 6.9 所示。

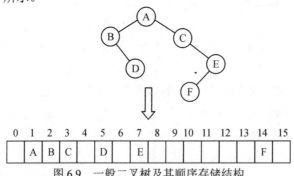

图 6.9   一般二叉树及其顺序存储结构

二叉树采用顺序结构存储后，编号为 i 的结点存放在下标为 i 的位置中，根据完全二叉树的性质，很容易找该结点的双亲结点和孩子结点。如果编号为 i 的结点有双亲结点，则其双亲结点的编号为 $\lfloor n/2 \rfloor$，存放在下标为 $\lfloor n/2 \rfloor$ 的位置；如果编号为 i 的结点有左孩子结点，其左孩子结点的编号为 2i，存放在下标为 2i 的位置；如果编号为 i 的结点有右孩子结点，其右孩子的编号为 2i+1，存放在下标为 2i+1 的位置。

显然，顺序存储结构方便查找一个结点的双亲结点和孩子结点，比较适合完全二叉树的存储。对于一般的二叉树来说，尤其是单分支的二叉树，采用顺序存储结构会造成大量的空间浪费。因此，一般二叉树通常采用链式存储结构。

2. 二叉树的链式存储结构

二叉树的链式存储结构是用一个链表来存储一棵二叉树，二叉树中的每一个结点用链表中的一个结点来存储，设计不同的结点结构可构成不同形式的链式存储结构。二叉树链式存储中结点常用的存储结构如下：

lchild	data	rchild

其中，data 表示值域，用于存储对应的结点值，lchild 和 rchild 分别表示左指针域和右指针域，分别用于存储左孩子结点和右孩子结点的存储地址。采用这种结点结构所得二叉树的链式存储结构称为二叉链表。例如，图 6.10 所示为一棵二叉树及其对应的二叉链表。

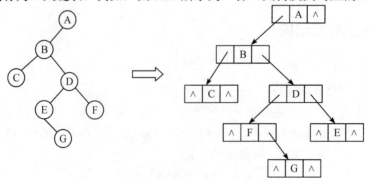

图 6.10   二叉树及其二叉链表

二叉链表对于一般的二叉树可以按需申请，比较节省存储空间，通过左、右孩子指针可以直接找到孩子结点。有时为了便于找到结点的双亲结点，可以在结点结构中增加一个指向双亲结点的指针域 parent，如下所示：

lchild	parent	data	rchild

采用这种结点结构所得的二叉树的链式存储结构称为三叉链表。

在不同的存储结构中，二叉树的操作实现也不同，如查找结点的双亲结点，在顺序存储、三叉链表存储中很容易实现，而在二叉链表中则需要从根结点开始访问所有结点。在具体应用中采用哪种存储结构，除了根据二叉树的形态之外还应考虑需要进行何种操作。

6.2.4　二叉树的基本运算及实现

假设二叉树采用二叉链表存储结构进行存储，二叉链表中结点类型 BTNode 的声明如下：

```
typedef struct node
{   ElemType    data;
       struct node *lchild，*rchild;
} BTNode;
BTNode *T;        //指针 T 指向二叉树的根结点，称为二叉树 T
```

归纳起来，二叉树常用的基本运算有：

创建二叉树 CreateBTree(T)：创建一棵二叉树 T。

销毁二叉树 DestroyBTree(T)：释放二叉树 T 占用的内存空间。

查找结点 FindNode(T，x)：在二叉树 T 中寻找 data 域值为 x 的结点。

找孩子结点 LchildNode(p)和 RchildNode(p)：分别求二叉树中结点 p 的左孩子结点和右孩子结点。

求二叉树的高度 BTHeight(T)：求二叉树 T 的高度。

1．创建二叉树

采用如下递归算法创建二叉树。

```
void CreatBTree(BTNode *&T)
{
    ElemType ch;
    ch=getchar();
    getchar();
    if(ch=='#')
        T=NULL;
    else
    {
        T=(BTNode*)malloc(sizeof(BTNode));
        T->data=ch;
        printf("请输入左子树：");
        CreatBTree(T->lchild);
```

```
            printf("请输入右子树：");
            CreatBTree(T->rchild);
        }
    }
```

2. 销毁二叉树

释放二叉树占用的存储空间，采用如下递归算法实现。

```
void DestroyBTree(BTNode *&T)
{   if (T!=NULL)
    {   DestroyBTree(T->lchild);
        DestroyBTree(T->rchild);
        free(T);
    }
}
```

3. 查找结点

查找二叉树 T 中结点值为 x 的结点，找到返回其地址值。采用如下递归算法实现。

```
BTNode *FindNode(BTNode *T, ElemType x)
{
    BTNode *p;
    if (T==NULL)
        return NULL;
    else if (T->data==x)
        return T;
    else
    {
        p=FindNode(T->lchild,x);
        if (p!=NULL)
            return p;
        else
            return FindNode(T->rchild,x);
    }
}
```

4. 找孩子结点

查找二叉树 T 中结点 p 的左孩子结点或右孩子结点，找到返回其地址值。采用递归算法实现。

```
BTNode *LchildNode(BTNode *p)
{
    return p->lchild;
```

```
    }
    BTNode *RchildNode(BTNode *p)
    {
        return p->rchild;
    }
```

5. 求二叉树的高度

采用递归算法实现。

```
    int   BTHeight(BTNode *T)
    {
        int LH, RH;
        if(T==NULL)
            return 0;
        else
        {
            LH=BTHeight(T->lchild);
            RH=BTHeight(T->rchild);
            if(LH>RH)
                return (LH+1);
            else
                return (RH+1);
        }
    }
```

6.3　遍历二叉树

　　遍历二叉树是指按照一定的次序访问二叉树的所有结点，并且每个结点仅被访问一次的过程。遍历是二叉树各种操作的基础，可以在遍历的过程中对结点进行各种处理。

　　一棵二叉树由根结点、左子树和右子树三部分构成。如果以 D、L、R 分别表示访问根结点、遍历左子树、遍历右子树，则可有 DLR、LDR、LRD、DRL、RDL、RLD 六种遍历方法。若规定先左后右，对于非空二叉树，则可得到前三种遍历方法，分别称之为前序遍历、中序遍历和后序遍历。另外，还有一种常见的按层次遍历。

1. 先序遍历

先序遍历二叉树的过程如下：

(1) 访问根结点。

(2) 先序遍历左子树。

(3) 先序遍历右子树。

例如，图 6.10 中的二叉树，采用先序遍历得到的结点序列为 ABCDEFG。一棵二叉树的先序遍历中，第一个访问的一定是根结点。

根据先序遍历二叉树的过程得到其递归算法如下：

```
void PreOrder (BTNode *T)
{
    if(T!=NULL)
    {
        printf("%c", T->data);
        PreOrder(T->lchild);
        PreOrder(T->rchild);
    }
}
```

2. 中序遍历

中序遍历二叉树的过程如下：

(1) 先序遍历左子树。

(2) 访问根结点。

(3) 先序遍历右子树。

例如，图 6.10 中的二叉树，采用中序遍历得到的结点序列为 CBEGDFA。

根据中序遍历二叉树的过程得到其递归算法如下：

```
void MidOrder (BTNode *T)
{
    if(T!=NULL)
    {
        MidOrder(T->lchild);
        printf("%c", T->data);
        MidOrder(T->rchild);
    }
}
```

3. 后序遍历

后序遍历二叉树的过程如下：

(1) 先序遍历左子树。

(2) 先序遍历右子树。

(3) 访问根结点。

例如，图 6.10 中的二叉树，采用后序遍历得到的结点序列为 CGEFDBA。一棵二叉树的后序遍历中，最后一个访问的一定是根结点。

根据先序遍历二叉树的过程得到其递归算法如下：

```
void PostOrder (BTNode *T)
{
    if(T!=NULL)
```

```
        {
            PostOrder(T->lchlid);
            PostOrder(T->rchlid);
            printf("%c", T->data);
        }
    }
```

二叉树的先序、中序和后序 3 种遍历过程均以递归算法实现，递归算法在执行过程中需要多次调用自身，执行过程还是比较复杂的。算法中访问根结点采用的是直接输出根结点的值，在实际应用中访问结点还可以对其进行其他操作，如结点计数，查找结点，删除结点等。

【例 6.1】 假设二叉树采用二叉链存储结构存储，试设计一个算法，计算一棵二叉树中的所有结点个数。

解　设函数 f(b)表示统计二叉树中的所有结点的个数，则 f(b->lchild)和 f(b->rchild)分别表示统计左、右子树中的所有结点的个数，f(b)与 f(b->lchild)、f(b->rchild)求解过程是相似的，可以采用递归算法来实现。递归模型如下：

b 为空树	f(b)=0
b 为非空树	f(b)=f(b->lchild)+f(b->rchild)+1

对应的递归算法如下：

```
int NodeNum(BTNode *b)
{
    if (b==NULL)
        return 0;
    else
        return NodeNum(b->lchild)+NodeNum(b->rchild)+1;
}
```

上述算法实际上采用后序遍历思路统计二叉树的结点个数，先扫描左子树，再扫描右子树，最后是根结点个数(1)。由于统计左子树、右子树及根结点个数(1)的顺序没有限制，所以可以基于 3 种遍历递归算法种的任何一种，只需更改最后的返回表达式即可。

先序遍历思路：return　1+NodeNum(b->lchild)+NodeNum(b->rchild);
中序遍历思路：return　NodeNum(b->lchild)+1+NodeNum(b->rchild);

对于一棵二叉树，如果必须先处理根结点再处理子树，则可以采用先序遍历的思路。如果必须先处理子树再处理根结点，则可以采用后序遍历的思路。如果处理子树需要区分左子树、右子树，则可以需要考虑中序遍历的思路。

二叉树的先序遍历、中序遍历、后序遍历都是按照一定顺序访问二叉树中所有的结点，只是访问结点的顺序不同。三种遍历方法既有共同之处也有各自的特点，共同点是基本的，分歧是局部的，可以求同存异，以便处理更多复杂的问题。

思政感悟：在对事物的看法或态度上找出共同点，保留不同点，实现和谐共处。

4. 层次遍历

层次遍历不同于前面三种遍历方法，它的遍历过程是非递归的。层次遍历高度为 h 的二叉树的过程为

访问根结点(第 1 层所有结点)；

从左到右访问第 2 层的所有结点；

从左到右访问第 3 层的所有结点……从左到右访问第 h 层的所有结点。

例如，图 6.10 中的二叉树，按层次遍历得到的结点序列为 ABCDEFG。一棵二叉树按层次遍历时，第一个访问的一定是根结点。

根据层次遍历二叉树的过程，层次遍历的算法可以借助一个环形队列来实现。环形队列采用顺序存储结构，其类型声明如下：

```
typedef struct
{
    BTNode *data[MaxSize];
    int front, rear;
}SqQueue;
```

算法实现过程先将根结点进队，当队列不为空时循环执行：从队列中出队一个结点 p；如果 p 有左孩子，将左孩子结点进队；如果 p 有右孩子，将右孩子结点进队。循环此操作直到队列为空。

```
void Levlorder(BTNode *T)
{
    BTNode *p;
        SqQueue *qu;
        {……}
        DestroyQueue(qu);
}
```

关于二叉树的遍历，如果给定一棵二叉树，则二叉树具有唯一的先序序列、中序序列和后序序列。而不同的二叉树可能具有相同的先序序列、中序序列和后序序列。所以，仅由先序序列、中序序列、后序序列中的一个序列无法确定二叉树的形态。如果同时知道先序序列和中序序列或者后序序列和中序序列能不能唯一确定二叉树的形态？

【例 6.2】　已知二叉树结点的先序序列和中序序列分别为

先序：ABCDEFG

中序：CBEDAFG

试构造一棵二叉树。

由先序序列可确定二叉树的根结点为 A，由中序序列可知其左子树的中序序列为 CBED，右子树的中序序列为 FG。再由给出的先序序列可知左子树的先序序列为 BCDE，右子树的先序续序列为 FG。类似地，可由左子树的中序序列和先序序列构造 A 的左子树，由右子树的中序序列和后序序列构造 A 的右子树。构造过程如图 6.11 所示。

上述构造过程说明给定了结点的先序序列和中序序列，可以唯一的确定一棵二叉树。关于后序序列和中序序列构造一棵二叉树，读者可试着证明。

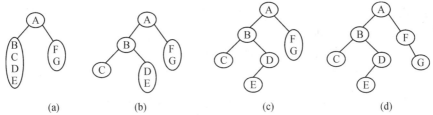

图 6.11　由先序序列和中序序列构造二叉树的过程

由此可得到关于构造二叉树的结论：

如果同时知道二叉树的中序序列和先序序列或者中序序列和后序序列可以唯一地确定二叉树的形态。

6.4　二叉树与树、森林之间的转换

二叉树与树、森林之间可以相互转换。一棵树或一个森林可以转换成其对应的二叉树，二叉树也可以转换成其对应的树或者森林，而且还是一一对应的关系。所以，对于树或森林中要处理的问题，可以先将树或森林转换成对应的二叉树，把问题简单化，然后在二叉树中进行处理。下面介绍二叉树与树、森林相互转换的方法。

6.4.1　树、森林转换成二叉树

对于给定的一棵树，可以找到唯一的二叉树与之对应。一棵树转换成二叉树的过程如下：

(1) 所有相邻兄弟结点之间加一条线。

(2) 对树中每个结点只保留它与第一个孩子(长子)之间的连线，删除与其他孩子之间的连线。

(3) 以树的根结点为轴心，将树顺时针旋转一定角度，使之结构层次分明。

简而言之，就是树中所有结点的长子关系转换为左孩子关系，兄弟关系转换为右孩子关系。如图 6.12 所示，一棵树转换成对应的二叉树后，二叉树中结点的左分支表示树中第一个孩子即长子关系，二叉树中结点的右分支表示树中兄弟关系。由于根结点没有兄弟，所以转换的二叉树的根结点一定没有右孩子结点。

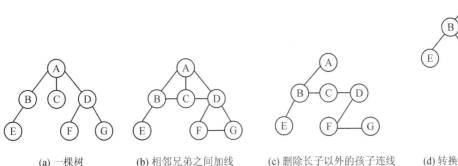

(a) 一棵树　　　(b) 相邻兄弟之间加线　　　(c) 删除长子以外的孩子连线　　　(d) 转换后的二叉树

图 6.12　一棵树转换成二叉树的过程

对于给定的由两棵或两棵以上的树所构成的森林，可以找到唯一的二叉树与之对应。一个森林转换成二叉树的过程如下：

(1) 将森林中的所有树转换成对应的二叉树。

(2) 第一棵二叉树保持不变，从第二棵二叉树开始，依次把后一棵二叉树的根结点作为前一棵二叉树根结点的右孩子结点，把所有的二叉树连接在一起，最后得到的二叉树就是森林对应的二叉树。

如图 6.13 所示，一个森林 F 中有三棵树，根结点分别为 A、E、G，首先把这三棵树分别转换成对应的二叉树，三棵二叉树的根结点分别为 A、E、G。然后，保持第一棵二叉树不变，从第二棵二叉树开始，依次作为前一棵二叉树根结点的右孩子结点，即根结点为 E 的二叉树作为结点 A 的右孩子结点，根结点为 G 的二叉树作为结点 E 的右孩子结点，最后得到的二叉树就是森林 F 对应的二叉树。

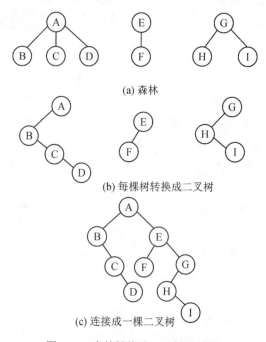

图 6.13　森林转换成二叉树的过程

6.4.2　二叉树还原成树、森林

如果一棵二叉树由一棵树转换而来，则该二叉树还原为树的过程如下：

(1) 二叉树中若某结点是其双亲的左孩子结点，则该结点的右孩子结点、右孩子的右孩子结点等都与其双亲结点连线。

(2) 删除原二叉树中所有结点的右孩子连线。

(3) 以二叉树的根结点为轴心，逆时针旋转一定角度，使之结构层次分明。

简而言之，二叉树还原成树就是将二叉树左孩子关系还原成长子关系，右孩子关系还原成兄弟关系，如图 6.14 所示。

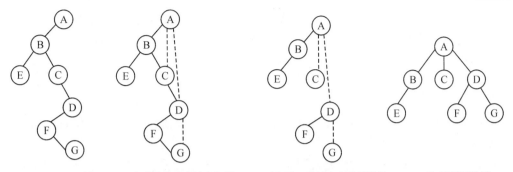

(a) 一棵二叉树　　(b) 右孩子和双亲结点加线　　(c) 删除原二叉树中右孩子连线　　(d) 还原后的树

图 6.14 一棵二叉树还原成树的过程

如果一棵树是由森林转换而来，则该二叉树还原为森林的过程如下：

(1) 从二叉树的根结点开始，如果有右孩子结点，则删除与右孩子结点的连线，得到两棵二叉树；拆分后的二叉树如果有右孩子结点，则删除与其连线，得到三棵二叉树；依次进行直到删除初始二叉树根结点右链上所有右孩子结点的连线，得到若干棵二叉树。

(2) 将拆分的若干棵二叉树各自还原成一棵树，即得到森林。

将一棵二叉树还原成森林的过程如图 6.15 所示。

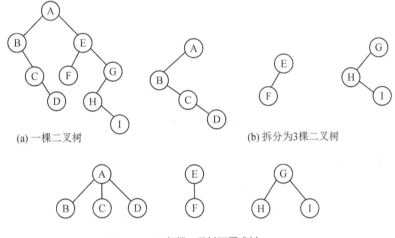

(a) 一棵二叉树　　　　　　　　　　(b) 拆分为3棵二叉树

(c) 每棵二叉树还原成树

图 6.15 一棵二叉树还原成树的过程

6.5 哈夫曼树及其应用

哈夫曼树又称最优二叉树，是带权路径长度最小的二叉树，可以用来构造最优编码，在信息传输、数据压缩等领域有着广泛的应用。

6.5.1 哈夫曼树的定义

从树中一个结点到另一个结点之间经过的结点序列构成了结点之间的路径，路径上的分支数为路径长度。对于带权的结点，从根结点到该结点的路径长度与该结点的权的乘积称为结点的带权路径长度。树中所有叶子结点的带权路径长度之和称为树的带权路径长度，通常记作：

$$WPL = \sum_{i=1}^{n_0} w_i l_i$$

其中，n_0 表示叶子结点的个数，w_i 表示第 i 个叶子结点的权值，l_i 表示从根结点到第 i 个叶子结点的路径长度。

根据二叉树的特点，相同的结点可以构成不同形态的二叉树。在 n_0 个带权值的叶子结点构成的所有二叉树中，带权路径长度 WPL 最小的二叉树称为哈夫曼树或者最优二叉树。

例如，图 6.16 中的三棵二叉树，都有带权值为 7、5、2、3 的 4 个叶子结点，它们的带权路径长度分别为

(a)：WPL=7×2+5×2+2×2+3×2=34

(b)：WPL=3×2+7×3+5×3+2×1=44

(c)：WPL=7×1+5×2+2×3+3×3=32

其中，(c)中二叉树的 WPL 最小，根据定义可知，它是一棵哈夫曼树。

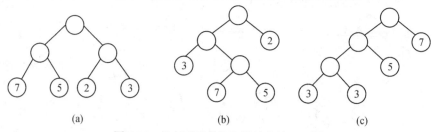

图 6.16   具有不同带权路径长度的二叉树

6.5.2   哈夫曼树的构造

对于给定的带权值的叶子结点，如何构造最优二叉树呢？哈夫曼(Huffman)最早给出了一个带有一般规律的构造算法，称为哈夫曼算法。算法描述如下：

(1) 给定的 n_0 个权值{w_1，w_2，…，w_{n0}}，构造 n_0 棵二叉树的集合 F={T_1，T_2，…，T_{n0}}，其中每棵二叉树 T_i 中都只有一个带权值 w_i 的根结点，其左右子树都为空。

(2) 在集合 F 中选取根结点的权值最小和次小的两棵二叉树作为左子树、右子树构造一棵新的二叉树，这棵新的二叉树根结点的权值为其左子树、右子树根结点权值之和。

(3) 在集合 F 中删除作为左子树、右子树的这两棵二叉树，并将新建立的二叉树加入集合 F 中。

(4) 重复(2)、(3)两步，当集合 F 中只剩下一棵二叉树时，这棵二叉树便是所要构造的哈夫曼树。

例如，图 6.17 给出了图 6.16(c)中的哈夫曼树的构造过程，其中图 6.17(d)就是最后构造的哈夫曼树，它的带权路径长度为 32。

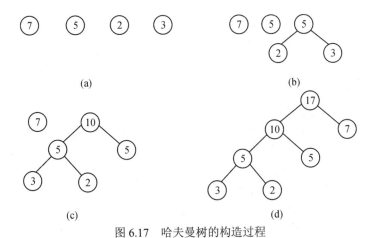

图 6.17　哈夫曼树的构造过程

定理 6.1　对于具有 n_0 个叶子结点的哈夫曼树，共有 $2n_0-1$ 个结点。

根据哈夫曼树的构造过程及二叉树的性质 3 可以证明。

哈夫曼树构造算法如下。

```
typedef struct
{
        char data;
        float weight;
        int parent;
        int lchild;
        int rchild;
}HTNode;
void CreatHufTree(HTNode ht[], int n0)
{
    int i, j, Lnode, Rnode;
                    //Lnode 记录权值最小结点的位置，Rnode 记录权值次小结点的位置
    float Lmin,Rmin;
    for(i=0;i<2*n0-1;i++)
        ht[i].parent=ht[i].lchild=ht[i].rchild=-1;
    for(i=n0;i<2*n0-1;i++)
                    //将构造的双分支结点依次存放在下标为 n0-2*n0-2 的位置
    {
        Lmin=Rmin=32767;
        Lnode=Rnode=-1;
        for(j=0;j<i;j++)                        //在森林 F 中找权值最小和次小的两个结点
            if(ht[j].weight==-1)
            {
                if(ht[j].weight<Lmin)            //找到权值最小的结点及其位置
                {
```

```
                                    Rmin=Lmin;
                                    Rnode=Lnode;
                                    Lmin=ht[i].weight;
                                    Lnode=j;
                                }
                                else if(ht[j].weight<Rmin) //找到权值次小的结点及其位置
                                {
                                    Rmin=ht[j].weight;
                                    Rnode=j;
                                }
                            }
                            ht[i].weight=ht[Lnode].weight+ht[Rnode].weight;
                                            //构造的双分支结点权值等于最小和次小权值之和
                            ht[i].lchild=Lnode;ht[i].rchild=Rnode;
                            ht[Lnode].parent=i;ht[Rnode].parent=i;
                        }
                    }
```

6.5.3 哈夫曼编码

在数据通信领域中，经常需要将传送的数据转换成二进制字符0、1组成的字符串，将这个过程称为编码。例如，有一段需要传送的电文为"ABABACD"，电文由四种字符组成，假设 A、B、C、D 对应的编码分别为 00、01、10、11，则传送的电文对应的编码为"00010001001011"，总长为 14 位。显然，电文编码的长度越短，数据传输的效率越高。如何构造电文最短编码呢？可以利用哈夫曼树来构造使电文编码长度最短的编码方案。构造方法如下：

设电文中共有 n_0 种字符$\{t_1, t_2, \cdots, t_{n0}\}$，每种字符在电文中出现次数为$\{w_1, w_2, \cdots, w_{n0}\}$，以 $t_1, t_2, \cdots, t_{n0}$ 作为叶子结点，以 $w_1, w_2, \cdots, w_{n0}$ 作为对应叶子结点的权，构造一棵哈夫曼树。规定哈夫曼树中的左分支为 0，右分支为 1，则从根结点到每个叶结点所经过的分支对应的0和1组成的序列便为该结点对应字符的编码。这样的编码称为哈夫曼编码。

电文 "ABABACD" 中四种字符 A、B、C、D 出现的次数分别为 3、2、1、1，可以构造一棵如图 6.18 所示的哈夫曼树，其中左分支为 0，右分支为 1，可以得到字符 A、B、C、D 对应的哈夫曼编码为 0、10、110、111，电文对应的编码为"00010001001011"，总长为 13 位。可见，哈夫曼编码构成的电文编码长度比前面的编码长度要短。

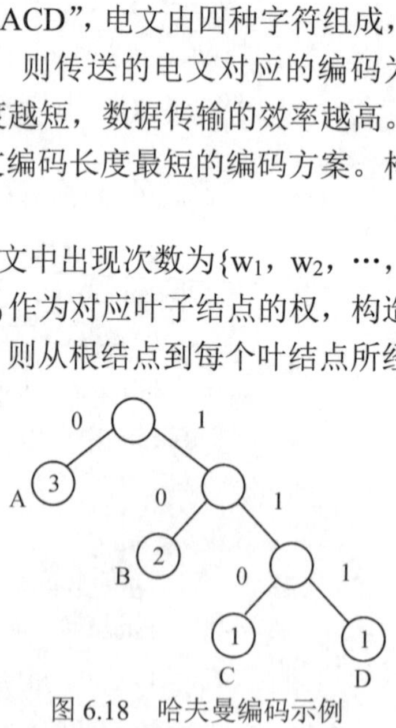

图 6.18 哈夫曼编码示例

哈夫曼编码特点是权值越大的字符编码越短，即使用频率越高的字符采用越短的编码，反之越长。在一组字符的哈夫曼编码中，不可能出现一个字符的哈夫曼编码是另一个字符哈夫曼编码的前缀，哈夫曼编码也称为前缀编码。

构造哈夫曼编码的算法如下：

```
typedef struct
{
    char cd[N];
    int start;
}HCode;
void CreatHCode(HTNode ht[], HCode hcd[], int n0)
{
    int i,j,k;
    HCode hc;
    for(i=0;i<n0;i++)
    {
        hc.start=n0;
        k=i;
        j=ht[i].parent;
        while(j!=-1)
        {
            if(ht[j].lchild==k)
                hc.cd[hc.start--]='0';
            else
                hc.cd[hc.start--]='1';
            k=j;
            j=ht[j].parent;
        }
        hc.start++;
        hcd[i]=hc;
    }
}
```

【例 6.3】 假设用于通信的电文有 a、b、c、d、e、f、g、h 八个字母组成，字母在电文中出现的频率分别为 0.05、0.29、0.07、0.08、0.14、0.23、0.03、0.11，请为这些字母设计哈夫曼编码。

解 设权 w=(5，29，7，8，14，23，3，11)，n=8，则 m=15，按上述算法可构造一棵哈夫曼树，如图 6.19 所示。给所有左分支加上 0，右分支加上 1，从而得到各字母的哈夫曼编码。

a:0001　b:10　c:1110　d:1111　e:110　f:01　g:0000　h:001

哈夫曼编码的实质就是使用频率越高的字符采用越短的编码，关键是构造一棵哈夫曼树，使得带权路径长度最小。构造哈夫曼树的过程中可以看到每次选择的子树都是根结点权值最小和次小的两棵子树，部分要服从整体，一直遵循这个规则，最终才能构造出最优二叉树，即哈夫曼树。

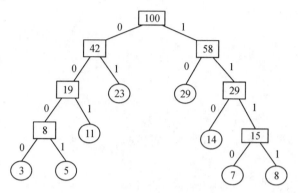

图 6.19　例 6.3 的哈夫曼树

本 章 小 结

　　本章介绍了树和二叉树的概念、逻辑结构和存储结构及其相关算法，二叉树和森林的转换与还原，哈夫曼树的概念及构造。重点掌握二叉树的概念、性质，二叉树的各种遍历算法及其应用，哈夫曼树的构造过程。灵活运用二叉树这种数据结构解决一些实际应用问题。

习　题

一、单项选择题

　　1. 一棵度为 4 的树 T 中，若有 20 个度为 4 的结点、10 个度为 3 的结点、1 个度为 2 的结点、10 个度为 1 的结点，则树 T 的叶子结点个数是(　　)。

A. 41　　　　　　　　B. 82　　　　　　　　C. 113　　　　　　　　D. 122

　　2. 一棵二叉树中有 7 个度为 2 的结点和 5 个度为 1 的结点，其总共有(　　)个结点。

A. 16　　　　　　　　B. 18　　　　　　　　C. 20　　　　　　　　D. 30

　　3. 已知一棵完全二叉树的第 6 层(设根为第 1 层)有 8 个叶子结点，则该完全二叉树的结点个数最多是(　　)。

A. 39　　　　　　　　B. 52　　　　　　　　C. 111　　　　　　　　D. 119

　　4. 一棵完全二叉树中有 8 个叶子结点，则高度至多是(　　)。

A. 3　　　　　　　　B. 4　　　　　　　　C. 5　　　　　　　　D. 不确定

　　5. 设森林 F 中有 4 棵树，第 1、2、3、4 棵树的结点个数分别为 a、b、c、d，则与森林 F 对应的二叉树根结点的左子树上的结点个数是(　　)。

A. a−1　　　　　　　B. a　　　　　　　　C. a+b+c　　　　　　　D. b+c+d

6. 设一棵二叉树 B 是由森林 T 转换而来的，若 T 中有 n 个非叶子结点，则二叉树 B 中无右孩子结点的个数为(　　)。

A. n-1　　　　　　　　B. n　　　　　　　　C. n+1　　　　　　　　D. n+2

7. 高度为 3 的满二叉树 B，将其还原为森林 T，其中包含根结点的那棵树中必定有 (　)结点。

A. 1　　　　　　　　B. 2　　　　　　　　C. 3　　　　　　　　D. 4

二、填空题

1. 若一棵三次树中度为 3 的结点有 2 个，度为 2 的结点有 1 个，度为 1 的结点有 2 个，则该三次树中总结点个数是_____叶子结点个数是_____。

2. 若一棵度为 4 的树中度为 2、3、4 的结点个数分别为 3、2、2，则该树的叶子结点的个数是_____。

3. 有一棵树的括号表示为 A(B，C(E，F(G))，D)，树的根结点为_____，叶子结点为_____，树的高度为_____。结点 C 的孩子结点为_____，其双亲结点为_____。

三、应用题

1. 已知一棵二叉树的中序序列为 ecbhfdjiga，后序序列为 echfjigdba，给出该二叉树树形表示及其先序序列。

2. 假设二叉树采用二叉链存储结构存储，设计一个算法，计算一棵给定二叉树的所有结点个数。

3. 假设二叉树采用二叉链存储结构存储，设计一个算法求二叉树 b 中第 k 层的结点个数。

4. 假设二叉树中每个结点值为单个字符，采用二叉链存储结构存储。设计一个算法求二叉树 b 中最小值的结点值。

5. 给定 5 个字符 a～f，它们的权值集合 W={2，3，4，7，8，9}，试构造关于 W 的一棵哈夫曼树，求其带权路径长度 WPL 和各个字符的哈夫曼树编码。

第 7 章

图

图属于复杂的非线性数据结构，在实际应用中很多问题可以用图来描述。在图形结构中，每个元素可以有零个或多个前驱元素，也可以有零个或多个后继元素，也就是说元素之间的关系是多对多的。

本章介绍图的定义、图的存储结构、图的遍历和相关应用算法的实现等内容。

7.1 图的定义和术语

7.1.1 图的定义

图 G (graph)是由顶点集合 V(vertex)和顶点之间边的集合 E(edge)所组成，通常表示为 G(V, E)。其中，V 表示图 G 中顶点的非空有限集合，E 是图 G 中边的有限集合。

图的定义中有以下三点需要注意：

(1) 线性表中的数据元素叫元素，树中的数据元素叫结点。在图中，数据元素称为顶点 (Vertex)。

(2) 线性表中若没有数据元素，则称为空表。树中若没有结点，则叫作空树。但是，在图结构中不允许没有顶点。在图的定义中，若 V 是顶点的集合，则强调了顶点集合 V 有穷非空。

(3) 线性表中，相邻的元素之间具有线性关系。树中，相邻两层的结点具有层次关系。而图中任意两个顶点之间都可能有关系，这种关系叫作逻辑关系，用边来表示，边集可以是空的。

7.1.2 图的基本术语

1. 无向图

在图 G 中，如果顶点 v_i 到 v_j 之间的边没有方向，则称这条边为无向边(Edge)，用圆括号序偶(v_i, v_j)来表示。无向图是指图中每一条边都是没有方向性的。如图 7.1 所示，图 G1 中任意两个顶点间的边都没有方向性，如顶点 1 和顶点 2 之间的边可表示为从顶点 1 到顶点 2，也可以表示为从顶点 2 到顶点 1，即无序对(1, 2)，也可以写成(2, 1)。

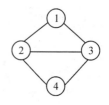

图 7.1　无向图 G1

我们可以将图 7.1 表示为如下的集合:

V(G1) = (1, 2, 3, 4)

E(G1) = {(1, 2), (1, 3), (2, 3), (2, 4), (3, 4)}

2. 有向图

在图 G 中，如果顶点 v_i 到 v_j 之间的边有方向，则称这条边为有向边，也称为弧(Arc)，用尖括号序偶 $<v_i, v_j>$ 表示。有向图是指图中每一条边都是有方向性的。如图 7.2 所示，连接顶点 1 和 2 的有向边就是弧，1 是弧尾，2 是弧头，可以表示成有序对 $<1,2>$，不可以写成 $<2,1>$。

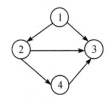

图 7.2 有向图 G2

可以将图 7.2 表示为如下的集合:

V(G2) = (1, 2, 3, 4)

E(G2) = {<1, 2>, <1, 3>, <2, 3>, <2, 4>, <4, 3>}

注意：无向边用圆括号"()"表示，有向边则是用尖括号"<>"表示。

3. 子图

子图即从图 G 中取出的部分集合。如有两个图 G=(V，E) 和 G'=(V'，E')，若 V'是 V 的子集，即 $V' \subseteq V$，且 E'是 E 的子集，即 $E' \subseteq E$，则称 G'是 G 的子图。

例如，图 7.3(a)、(b)分别为图 7.1 和图 7.2 的子图。

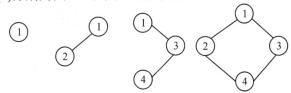

(a) 无向图G1的子图

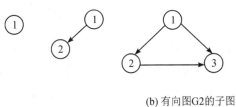

(b) 有向图G2的子图

图 7.3 子图举例

4. 无向完全图

对于无向图，如果任意两个顶点之间都存在边，则称该图为无向完全图。含有 n 个顶点的无向完全图有 n(n-1)/2 条边，如图 7.4 所示。因为每个顶点都要与除它以外的顶点连线，顶点 1 与其他三个顶点连线，共有四个顶点，自然是 4×3，但由于顶点 1 与顶点 2 的连线与顶点 2 与顶点 1 的连线是重复的，因此计算结果要除以 2，共有 6 条边。

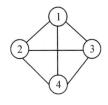

图 7.4 无向完全图

5. 有向完全图

对于有向图，如果任意两个顶点之间都存在方向互为相反的两条弧，则称该图为有向完全图。含有 n 个顶点的有向完全图有 n(n-1) 条边，图 7.5 所示就是 4 个顶点的有向完全图，共有 12 条边。

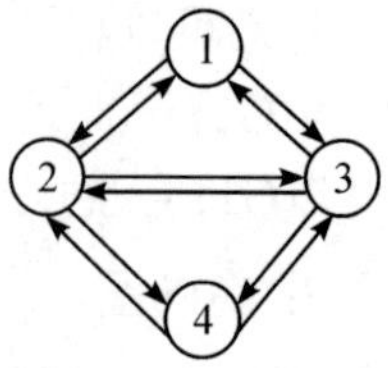

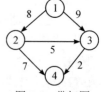

于是我们可以得到结论，对于具有 n 个顶点和 e 条边的图，无向图的边数为 $0 \leq e \leq n(n-1)/2$，有向图的边数为 $0 \leq e \leq n(n-1)$。

图 7.5 有向完全图

6. 稀疏图和稠密图

有很少条边或弧的图称为稀疏图，反之称为稠密图。

7. 权和网

在实际应用中，每条边可以标上具有某种含义的数值，该数值称为该边上的权(weight)。这些权可以表示从一个顶点到另一个顶点的距离或耗费。这种带权的图通常称为带权图(weighted graph)或者网(net)，如图 7.6 所示。

图 7.6 带权图

8. 邻接点

对于无向图 G = (V,{E})，如果图的边(v, v')∈E，则称顶点 v 和 v' 互为邻接点，即 v 和 v'相邻接。边(v, v')依附于顶点 v 和 v'，或者说边(v, v')与顶点 v 和 v' 相关联。

在有向图中，若存在一条有向边<i,j>(也称为弧)，则称此边是顶点 i 的一条出边，同时也是顶点 j 的一条入边。i 为此边的起始端点(简称起点)，j 为此边的终止端点(简称终点)，顶点 j 是顶点 i 的出边邻接点，顶点 i 是顶点 j 的入边邻接点。

9. 度、入度和出度

顶点 v 的度是指和 v 相关联的边的数目，记为 TD(v)。例如，图 7.1 中，顶点 1 和顶点 2 互为邻接点，边(1,2)依附于顶点 1 与 2 上，顶点 1 的度为 2。而此图的边数是 5，各个顶点度的和 = 2 + 3 + 3 + 2 = 10。

对于有向图，顶点 v 的度分为入度和出度。入度是以顶点 v 为头的弧的数目，记为 ID(v)；出度是以顶点 v 为尾的弧的数目，记为 OD(v)。顶点 v 的度为 TD(v) = ID(v) + OD(v)。例如，图 7.2 中 G2 的顶点 1 的入度 ID(v) = 0，出度 OD(v) = 2，度 TD(v) = ID(v) + OD(v) = 2。

仔细观察后发现，边数其实就是各顶点度数和的一半，多出的一半是因为重复两次记数。一般地，如果顶点 v 的度记为 $TD(v_i)$，那么一个有 n 个顶点、e 条边的图满足如下关系：

$$e = \frac{1}{2} \sum_{i=1}^{n} TD(v_i)$$

10. 路径和路径长度

路径是指图中从顶点 v 到顶点 v' 所经过的所有的边。路径长度是一条路径上经过的边或弧的数目。在无向图 G 中，从顶点 v 到顶点 v' 的路径是一个顶点序列(v = $v_{i,0}, v_{i,1}$, ⋯, $v_{i,m}$ = v')，其中($v_{i,j-1}$, $v_{i,j}$)∈E，$1 \leq j \leq m$。图 7.7 列出了图 7.1 中无向图 G1 的顶点 1 到顶点 4 的所有路径。

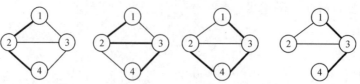

图 7.7 无向图 G1 的顶点 1 到顶点 4 的所有路径

如果 G 是有向图，则路径也是有向的，顶点序列应满足 $< v_{i,j-1}, v_{i,j} > \in E, 1 \le j \le m$。图 7.8 列出了图 7.2 中有向图 G2 的顶点 1 到顶点 4 的路径，路径为 <1, 2>、<2, 4>，而路径的长度为经过的边数，在这个例子中，路径的长度为 2。而顶点 3 到顶点 4 之间没有路径。

图 7.8 有向图 G2 的顶点 1 到顶点 4 的路径

11. 回路或环

第一个顶点和最后一个顶点相同的路径称为回路或环。

12. 简单路径、简单回路或简单环

序列中顶点不重复出现的路径称为简单路径。除了第一个顶点和最后一个顶点之外，其余顶点不重复出现的回路称为简单回路或简单环。如图 7.9 所示，两个图中的粗线都构成环，左侧图起点和终点都为顶点 1，并且其他顶点没有重复出现，故为简单环。而右侧的环，由于有重复的顶点 2，所以不是简单环。

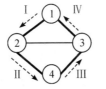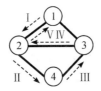

图 7.9 环

13. 连通、连通图和连通分量

在无向图 G 中，如果从顶点 v 到顶点 v'有路径，则称 v 和 v'是连通的。如果对于图中任意两个顶点 v_i、$v_j \in E$，v_i 和 v_j 都是连通的，则称 G 是连通图。如图 7.10(a)所示，它的顶点 1 到顶点 2、3、4 都是连通的，但显然顶点 1 或者 2 与顶点 5 没有路径，因此不是连通图。但此图有 2 个连通分量，如图 7.10(b)所示。所谓连通分量，指的是无向图中的极大连通子图。显然，任何连通图的连通分量只有一个，即本身，而非连通图有多个连通分量。图 7.11 中顶点 1、2、3、4 相互都是连通的，所以它本身是连通图。

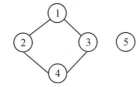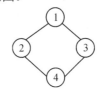

(a) 非连通图　　(b) 非连通图的两个连通分量

图 7.10 非连通图　　　　图 7.11 连通图

14. 强连通图和强连通分量

在有向图 G 中，若从顶点 i 到顶点 j 有路径，则称从顶点 i 到 j 是连通的。若图 G 中的任意两个顶点 i 和 j 都连通，即从顶点 i 到 j 和从顶点 j 到 i 都存在路径，则称图 G 是强连通图。

7.2 图的存储结构

图除了要存储图中每个顶点本身的信息外，还要存储顶点与顶点之间的所有关系，即边的信息。常用的图的存储结构有邻接矩阵和邻接表。我们应根据实际需要选择不同的存储结构。

7.2.1 邻接矩阵

邻接矩阵表示法是用二维数组来表示顶点之间相邻关系。设 G(V,E) 是具有 n 个顶点的图，则 G 的邻接矩阵是具有如下性质的 n 阶方阵：

$$A[i][j] = \begin{cases} 1 & (若 <v_i, \ v_j> 或 (v_i, \ v_j) \in E) \\ 0 & (反之) \end{cases}$$

例如，图 7.1 所示的无向图 G1 对应邻接矩阵数组 **A1**，图 7.2 中有向图 G2 对应邻接矩阵数组 **A2**，这 2 个邻接矩阵数组如图 7.12 所示。

$$\mathbf{A1} = \begin{bmatrix} 0 & 1 & 1 & 0 \\ 1 & 0 & 1 & 1 \\ 1 & 1 & 0 & 1 \\ 0 & 1 & 1 & 0 \end{bmatrix} \qquad \mathbf{A2} = \begin{bmatrix} 0 & 1 & 1 & 0 \\ 0 & 0 & 1 & 1 \\ 0 & 0 & 0 & 0 \\ 0 & 0 & 1 & 0 \end{bmatrix}$$

图 7.12　2 个邻接矩阵数组

若 G 是网，则邻接矩阵可以定义为

$$A[i][j] = \begin{cases} w_{i,j} & (若 <v_i, \ v_j> 或 (v_i, \ v_j) \in E) \\ \infty & (反之) \end{cases}$$

其中，$w_{i,j}$ 表示边上的权值；∞ 表示计算机允许的、大于所有边上权值的数。例如，图 7.13 所示为图 7.6 中有向带权图的邻接矩阵 **A3**。

$$\mathbf{A3} = \begin{bmatrix} 0 & 8 & 9 & \infty \\ \infty & 0 & 5 & 7 \\ \infty & \infty & 0 & 2 \\ \infty & \infty & \infty & 0 \end{bmatrix}$$

图 7.13　有向带权图的邻接矩阵 **A3**

邻接矩阵类型声明如下：

```
#define   MAXV   <最大顶点个数>
//声明顶点的类型
```

```
typedef struct
{       int no;                              //顶点编号
        InfoType info;                       //顶点其他信息
} VertexType;
//声明的邻接矩阵类型
typedef struct                              //图的定义
{       int edges[MAXV][MAXV];              //邻接矩阵
        int n，e;                           //顶点数，边数
        VertexType vexs[MAXV];              //存放顶点信息
} MatGraph;
```

邻接矩阵的特点：一个图的邻接矩阵表示是唯一的；邻接矩阵特别适合稠密图的存储。

7.2.2 邻接表

邻接表的处理办法如下：

(1) 对图中每个顶点 i 建立一个单链表，将顶点 i 的所有邻接点链起来。无向图称为顶点 v 的边表，有向图则称为顶点 v 作为弧尾的出边表。

(2) 每个单链表上添加一个表头结点(表示顶点信息)，并将所有表头结点构成一个数组，下标为 i 的元素表示顶点 i 的表头结点。

例如，图 7.14 所示的就是一个无向图的邻接表结构。

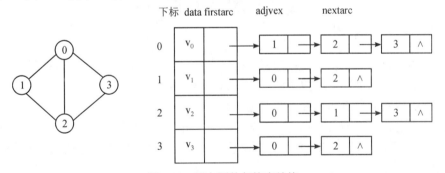

图 7.14　无向图的邻接表结构

邻接表的特点：邻接表表示不唯一；邻接表特别适合稀疏图存储。

例如，结点 0 的邻接表表示如图 7.15 所示。

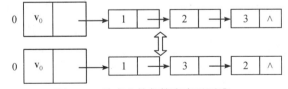

图 7.15　结点 0 的邻接表表示不唯一

邻接表类型声明如下：

```
//声明边结点类型
typedef struct ANode
```

```
    { int adjvex;                    //该边的终点编号
      struct ANode *nextarc;         //指向下一条边的指针
      InfoType weight;               //该边的权值等信息
    } ArcNode;
//声明邻接表头结点类型
typedef struct Vnode
    { Vertex data;                   //顶点信息
      ArcNode *firstarc;             //指向第一条边
    } VNode;
//声明图邻接表类型
typedef struct
    { VNode adjlist[MAXV];           //邻接表
      int n，e;                      //图中顶点数 n 和边数 e
    } AdjGraph;
```

以上可知，一个邻接表通常用指针引用：

引用头结点：G->adjlist[i]

引用头结点的指针域：G->adjlist[i].firstarc

7.3　图 的 遍 历

从给定图中任意指定的顶点(称为初始点)出发，按照某种搜索方法沿着图的边访问图中的所有顶点，使每个顶点仅被访问一次，这个过程称为图的遍历。

图的遍历得到的顶点序列称为图遍历序列。

图中顶点之间是多对多的关系，而从一个顶点出发一次只能找另外一个相邻顶点。根据搜索方法的不同，图的遍历方法有深度优先搜索(DFS)遍历和广度优先搜索(BFS)遍历两种。

7.3.1　深度优先搜索遍历

图的深度优先搜索(DFS)遍历类似于二叉树的先序遍历。它的基本思想是：首先访问出发点 v 并将其标记为已访问过；然后选取与 v 邻接的未被访问的任意一个顶点 w，并访问它；再选取与 w 邻接的未被访问的任一顶点并访问，依此重复进行。当一个顶点所有的邻接顶点都被访问过时，则依次退回到最近被访问过的顶点；若该顶点还有其他邻接顶点未被访问，则从这些未被访问的顶点中取一个并重复上述访问过程，直至图中所有顶点都被访问过为止。对于具有 n 个顶点、e 条边的有向图或无向图，DFS 算法对图中的每个顶点最多调用一次。

深度优先搜索遍历算法的设计思路是：遍历过程体现出后进先出的特点，可用栈或递归方式实现；用栈保存访问过的顶点。

以邻接表为存储结构的图的深度优先搜索遍历算法如下：

设置一个 visited[] 全局数组，visited[i]=0 表示顶点 i 没有访问，visited[i]=1 表示顶点 i 已经访问过。

```
        void DFS(AdjGraph *G，int v)
        {   ArcNode *p; int w;
            visited[v]=1;              //置已访问标记
            printf("%d   ", v);        //输出被访问顶点的编号
            p=G->adjlist[v].firstarc;  //p 指向顶点 v 的第一条边的边头结点
            while (p!=NULL)
            {  w=p->adjvex;
               if (visited[w]==0)
                   DFS(G，w);          //若 w 顶点未访问，则递归访问它
               p=p->nextarc;          //p 指向顶点 v 的下一条边的边头结点
            }
        }
```

该算法的时间复杂度为 O(n+e)。

如图 7.16 所示，调用 DFS 算法，假设初始点 v=4，调用 DFS(G,4)的执行过程如下。

(1) DFS(G,4)：访问顶点 4，找顶点 4 的相邻顶点 1，它未被访问过，转(2)；

(2) DFS(G,1)：访问顶点 1，找顶点 1 的相邻顶点 0，它未被访问过，转(3)；

(3) DFS(G,0)：访问顶点 0，找顶点 0 的相邻顶点 1，它已被访问，找下一个相邻顶点 3，它未被访问过，转(4)；

(4) DFS(G,3)：访问顶点 3，找顶点 3 的相邻顶点 1、4，它们均已被访问，找下一个相邻顶点 2，它未被访问过，转(5)；

(5) DFS(G,2)：访问顶点 2，找顶点 2 的相邻顶点，所有相邻顶点均已被访问，退出 DFS(G,2)，转(6)；

(6) 继续 DFS(G,3)：顶点 3 的所有后继相邻顶点均已被访问，退出 DFS(G,3)，转(7)；

(7) 继续 DFS(G,0)：顶点 0 的所有后继相邻顶点均已被访问，退出 DFS(G,0)，转(8)；

(8) 继续 DFS(G,1)：顶点 1 的所有后继相邻顶点均已被访问，退出 DFS(G,1)，转(9)；

(9) 继续 DFS(G,4)：顶点 4 的所有后继相邻顶点均已被访问，退出 DFS(G,4)，转(10)；

(10) 结束。

所以，从顶点 4 出发的深度优先访问序列为 4 1 0 3 2。

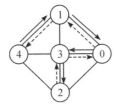

图 7.16　DFS 算法过程

总结：DFS 的思路是，距离初始顶点越远，越优先访问。

7.3.2 广度优先搜索遍历

图的广度优先搜索(BFS)遍历类似于树的层次遍历。它的基本思想是：首先访问起始顶点 v；然后选取与 v 邻接的全部顶点 w_1，w_2，…，w_t 进行访问；再依次访问与 w_1，w_2，…，w_t 邻接的全部顶点(已经访问过的除外)，依此类推，直到所有顶点都被访问过为止。

广度优先搜索遍历图的时候，需要用到一个队列(二叉树的层次遍历也要用到队列)，算法执行过程可简单概括如下：

(1) 任取图中一个顶点访问，入队，并将这个顶点标记为已访问；

(2) 当队列不空时循环执行：出队，依次检查出队顶点的所有邻接顶点，访问没有被访问过的邻接顶点并将其入队；

(3) 当队列为空时跳出循环，广度优先搜索即完成。

以邻接表为存储结构的广度优先搜索遍历算法如下：

```
void BFS(AdjGraph *G,int v)
{
    int w,i;
    ArcNode *p;
    SqQueue *qu;                            //定义环形队列指针
    InitQueue(qu);                          //初始化队列
    int visited[MAXV];                      //定义顶点访问标志数组
    for (i=0;i<G->n;i++) visited[i]=0;      //访问标志数组初始化
    printf("%2d",v);                        //输出被访问顶点的编号
    visited[v]=1;                           //置已访问标记
    enQueue(qu,v);
    while (!QueueEmpty(qu))                  //队列不空时循环执行
    {
        deQueue(qu,w);                      //出队一个顶点 w
        p=G->adjlist[w].firstarc;           //指向 w 的第一个邻接点
        while (p!=NULL)                     //查找 w 的所有邻接点
        {
            if (visited[p->adjvex]==0)       //若当前邻接点未被访问
            {
                printf("%2d",p->adjvex);     //访问该邻接点
                visited[p->adjvex]=1;        //置已访问标记
                enQueue(qu,p->adjvex);       //该顶点进队
            }
            p=p->nextarc;                    //找下一个邻接点
        }
    }
    printf("\n");
}
```

如图 7.17 所示，调用 BFS 算法，假设初始点 v=4，调用 BFS(G,4)的执行过程如下：

(1) 访问顶点 4，顶点 4 进队，转(2)。

(2) 第 1 次循环：顶点 4 出队，找其第一个相邻顶点 1，它未被访问过，访问之并将 1 进队；找顶点 4 的下一个相邻顶点 3，它未被访问过，访问之并将顶点 3 进队；找顶点 4 的下一个相邻顶点 2，它未被访问过，访问之并将顶点 2 进队，转(3)。

(3) 第 2 次循环：顶点 1 出队，找其第一个相邻顶点 0，它未被访问过，访问之并将顶点 0 进队；找顶点 1 的下一个相邻顶点 4，它被访问过；找顶点 1 的下一个相邻顶点 3，它被访问过，转(4)。

(4) 第 3 次循环：顶点 3 出队，依次找其相邻顶点 0、1、2、4，均已被访问过，转(5)。

(5) 第 4 次循环：顶点 2 出队，依次找其相邻顶点 0、4、3，均已被访问过，转(6)。

(6) 第 5 次循环：顶点 0 出队，依次找其相邻顶点 1、3、2，均已被访问过，转(7)。

(7) 此时队列为空，遍历结束。

所以，从顶点 4 出发的广度优先遍历序列是 4 1 3 2 0。

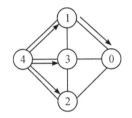

图 7.17　BFS 算法过程

总结：BFS 的思路是，距离初始顶点越近，越优先访问。

7.4　最小生成树

7.4.1　生成树的相关概念

生成树：一个连通图的生成树是一个极小的连通子图，它含有图中全部的顶点，但只有足以构成一棵树的 n-1 条边。**注意**：如果在一棵生成树上添加一条边，必定构成一个环。

可以通过遍历方法产生生成树：由深度优先搜索遍历得到的生成树称为深度优先生成树；由广度优先搜索遍历得到的生成树称为广度优先生成树。

最小生成树：

• 对于带权连通图 G(每条边上的权均为大于零的实数)，可能有多棵不同的生成树。

• 每棵生成树的所有边的权值之和可能不同。

• 其中权值之和最小的生成树称为图的最小生成树。

找连通网的最小生成树，通常我们用两种算法：普里姆算法和克鲁斯卡尔算法。下面详细介绍这两种算法。

7.4.2 普里姆(Prim)算法

普里姆(Prim)算法是一种构造性算法，用于构造最小生成树。过程如下：

(1) 初始化 U = {v}。v 到其他顶点的所有边为候选边。

(2) 重复以下步骤 n−1 次，使得其他 n−1 个顶点被加入 U 中：从候选边中挑选权值最小的边输出，设该边在 V−U 中的顶点是 k，将顶点 k 加入 U 中；考察当前 V−U 中的所有顶点 j，修改候选边：若(j，k)的权值小于原来和顶点 k 关联的候选边，则用(k，j)取代后者作为候选边。

【例 7.1】 假设某通信公司需要为一个县的 7 个村架设通信网络做设计，各村位置大致如图 7.18 所示，其中圆圈内 0～6 表示村，之间连线的数字表示村与村之间的可通达的直线距离，比如 0 至 1 就是 29 千米(个别未测算距离是因为有特殊地形不予考虑)。考虑如何用最小的成本完成这次任务。

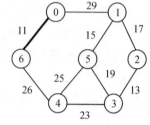

图 7.18 一个带权连通图——各村位置分布

解 (1) 最小生成树 T 仅包含所有的顶点，如图 7.19(a) 所示。

(2) U = {0}，V−U = {1, 2, 3, 4, 5, 6}，在这两个顶点集之间选择第一条最小边(0, 6)添加到 T 中，如图 7.19(b)所示。

(3) U = {0, 6}，V−U = {1, 2, 3, 4, 5}，在这两个顶点集之间选择第二条最小边(6, 4)添加到 T 中，如图 7.19 (c)所示。

(4) 依此类推，中间步骤如图 7.19(d)～(g)所示，直到 U 中包含所有的顶点，这样一共选择了 6 条边，构造的最小生成树如图 7.19 (g)所示。

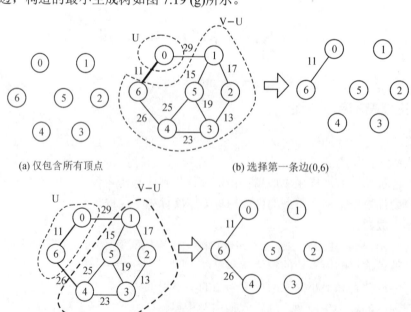

(a) 仅包含所有顶点

(b) 选择第一条边(0,6)

(c) 选择第二条边(6,4)

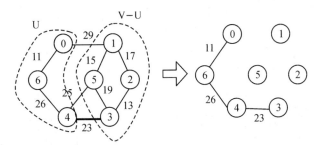

(d) 选择第三条边(4,3)

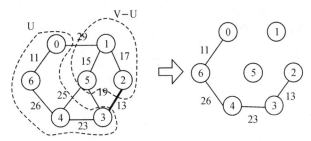

(e) 选择第四条边(3,2)

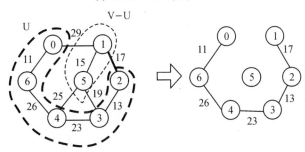

(f) 选择第五条边(2,1)

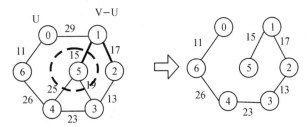

(g) 选择第六条边(1,5)

图 7.19 普里姆算法求解最小生成树的过程

普里姆(Prim)算法如下：

```
        void Prim(MatGraph g,int v)
        {
        int lowcost[MAXV];              //顶点 i 是否在 U 中
        int min;
        int closest[MAXV],i,j,k;
        for (i=0;i<g.n;i++)             //给 lowcost[]和 closest[]置初值
```

```
            {
                lowcost[i]=g.edges[v][i];
                closest[i]=v;
            }
        for (i=1;i<g.n;i++)                //找出 n-1 个顶点
            {
                min=INF;
                for (j=0;j<g.n;j++)            //在 V-U 中找出离 U 最近的顶点 k
                    if (lowcost[j]!=0 && lowcost[j]<min)
                        {
                            min=lowcost[j];
                            k=j;              //k 记录最近顶点的编号
                        }
                printf(" 边(%d,%d)权为:%d\n",closest[k],k,min);
                lowcost[k]=0;                //标记 k 已经加入 U
                for (j=0;j<g.n;j++)            //修改数组 lowcost 和 closest
                    if (g.edges[k][j]!=0 && g.edges[k][j]<lowcost[j])
                        {
                            lowcost[j]=g.edges[k][j];
                            closest[j]=k;
                        }
            }
    }
```

算法分析：Prim()算法中有两重 for 循环，所以时间复杂度为 $O(n^2)$。

7.4.3 克鲁斯卡尔(Kruskal)算法

克鲁斯卡尔(Kruskal)算法也是一种求带权无向图的最小生成树的构造性算法。这种算法按权值的递增次序选择合适的边来构造最小生成树。

假设 G = (V, E)是一个具有 n 个顶点的带权无向连通图，T = (U, TE)是 G 的最小生成树，其中 U 是 T 的顶点集，TE 是 T 的边集，则构造最小生成树的克鲁斯卡尔(Kruskal)算法执行过程如下：

(1) 置 U 的初值等于 V(即包含 G 中的全部顶点)，TE 的初值为空集，即图 T 中每一个顶点都构成一个连通分量。

(2) 将图 G 中的边按权值从小到大的顺序依次选取，若选取的边未使生成树 T 形成回路，则加入 TE；否则舍弃。循环执行(2)直到 TE 中包含 n-1 条边为止。

【例 7.2】 对于图 7.18 所示的带权连通图，采用 Kruskal 算法构造最小生成树。

采用 Kruskal 算法构造最小生成树的过程如下：

(1) 将所有边按权值递增排序，其结果如图 7.20(a)所示。图中边上的数字表示该边是第几小的边，如 1 表示是最小的边，2 表示是第 2 小的边，依此类推。

　　(2) 初始状态的最小生成树 T 仅包含所有的顶点，如图 7.20(b)所示。

　　(3) 选取最小边(0,6)直接加入 T 中，此时不会出现回路，如图 7.20 (c)所示。

　　(4) 选取第 2 小的边(2,3)直接加入 T 中，此时不会出现回路，如图 7.20 (d)所示。说明：当采用 Kruskal 算法构造最小生成树时，前面的两条边可以直接加入 T 中，因为只有两条边的图不可能存在回路。

　　(5) 选取第 3 小的边(1, 5)，加入 T 中不会出现回路，将其加入，如图 7.20(e)所示。

　　(6) 选取第 4 小的边(1, 2)，加入 T 中不会出现回路，将其加入，如图 7.20(f)所示。

　　(7) 选取第 5 小的边(3, 5)，加入 T 中会出现回路，舍弃它。选取第 6 小的边(3, 4)，加入 T 中不会出现回路，将其加入，如图 7.20(g)所示。

　　(8) 选取第 7 小的边(4, 5)，加入 T 中会出现回路，舍弃它。选取第 8 小的边(4, 6)，如图 7.20(h)所示

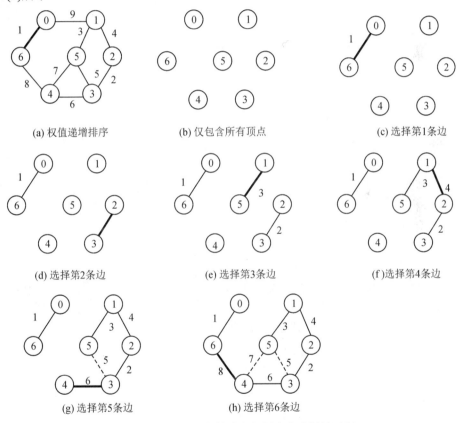

图 7.20　克鲁斯卡尔算法求解最小生成树的过程

在实现克鲁斯卡尔算法 Kruskal()时，用数组 E 存放图 G 中的所有边，Kruskal()算法如下：

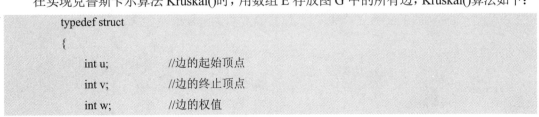

```
typedef struct
{
    int u;          //边的起始顶点
    int v;          //边的终止顶点
    int w;          //边的权值
```

```
} Edge;

void InsertSort(Edge E[],int n)              //对 E[0..n-1]按递增有序进行直接插入排序
{
    int i,j;
    Edge temp;
    for (i=1;i<n;i++)
    {
        temp=E[i];
        j=i-1;                               //从右向左在有序区 E[0..i-1]中找 E[i]的插入位置
        while (j>=0 && temp.w<E[j].w)
        {
            E[j+1]=E[j];                     //将关键字大于 E[i].w 的记录后移
            j--;
        }
        E[j+1]=temp;                         //在 j+1 处插入 E[i]
    }
}
void Kruskal(MatGraph g)
{
    int i,j,u1,v1,sn1,sn2,k;
    int vset[MAXV];
    Edge E[MaxSize];                         //存放所有边
    k=0;                                     //E 数组的下标从 0 开始计
    for (i=0;i<g.n;i++)                      //由 g 产生边集 E
        for (j=0;j<=i;j++)
        {
            if (g.edges[i][j]!=0 && g.edges[i][j]!=INF)
            {
                E[k].u=i;E[k].v=j;E[k].w=g.edges[i][j];
                k++;
            }
        }
    InsertSort(E,g.e);                       //采用直接插入排序对 E 数组按权值递增排序
    for (i=0;i<g.n;i++)                      //初始化辅助数组
        vset[i]=i;
    k=1;                                     //k 表示当前构造生成树的第几条边,初值为 1
    j=0;                                     //E 中边的下标,初值为 0
    while (k<g.n)                            //生成的边数小于 n 时循环
```

```
{
    u1=E[j].u;v1=E[j].v;              //取一条边的头尾顶点
    sn1=vset[u1];
    sn2=vset[v1];                     //分别得到两个顶点所属的集合编号
    if (sn1!=sn2)        //两顶点属于不同的集合,该边是最小生成树的一条边
    {
        printf("  (%d,%d):%d\n",u1,v1,E[j].w);
        k++;                          //生成边数增 1
        for (i=0;i<g.n;i++)           //两个集合统一编号
            if (vset[i]==sn2)         //集合编号为 sn2 的改为 sn1
                vset[i]=sn1;
    }
    j++;                              //扫描下一条边
}
}
```

Kruskal 算法的时间复杂度为 O(elbe)。

思政感悟：Kruskal 算法是一种用于解决最小生成树问题的算法。在构建最小生成树的过程中，我们不能只关注当前的最小边，而应该将整个最小生成树作为全局考虑。只有当一条边能够为整个最小生成树带来更优的效果时，才应该选择这条边。这启示我们在实际生活中，要时刻保持全局观念，不要被局部的利益所蒙蔽，要有长远的眼光。同时也告诉我们，只有团结协作，才能实现更大的目标。

【**例 7.3**】 求图 7.21 所示带权图的最小(代价)生成树时，可能是克鲁斯卡尔(Kruskal)算法第 2 次选中但不是普里姆(Prim)算法(从 v_4 开始)第 2 次选中的边是( )。

A．(v_1, v_3)　　　B. (v_1, v_4)
C. (v_2, v_3)　　　D. (v_3, v_4)

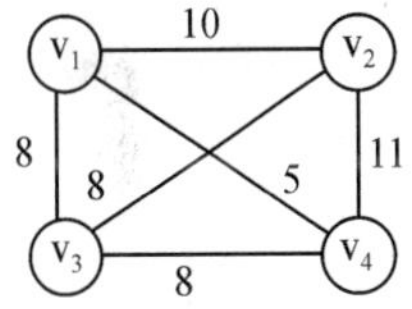

图 7.21　例 7.3 图

解　采用 Kruskal 算法求最小生成树时，首先选中权值最小的边(v_1, v_3)，第 2 次选择时有 3 条权值相同的次小边，可以从(v_1, v_3)、(v_3, v_4)和(v_2, v_4)中任选一条。

即

第 1 次：(v_1, v_4)，

第 2 次：(v_1, v_3)或(v_3, v_4)或(v_2, v_3)。

采用 Prim 算法(从 v_4 开始)求最小生成树时，首先 U = {v_4}，第 1 次选中(v_4, v_1)边。修改 U={v_4, v_1}，V−U={v_2, v_3}，第 2 次只能在这两个顶点集之间选中一条最小边，可以是边(v_1, v_3)或者(v_3, v_4)，不可能是边(v_2, v_3)。

即

第 1 次：(v_4, v_1)，

第 2 次：(v_1, v_3)或(v_3, v_4)，不可能是(v_2, v_3)。

故选 C。

7.5 有向无环图的应用

7.5.1 拓扑排序

1. 什么是拓扑排序

设 G=(V，E)是一个具有 n 个顶点的有向图，V 中顶点序列 v_1, v_2，…，v_n 称为一个拓扑序列，当且仅当该顶点序列满足下列条件：

若<i, j>是图中的边(或从顶点 i ⇨ j 有一条路径)，则在拓扑序列中顶点 i 必须排在顶点 j 之前。

在一个有向图中找一个拓扑序列的过程称为拓扑排序。

2. 拓扑排序步骤

(1) 从有向图中选择一个没有前驱，即入度为 0 的顶点并且输出它。

(2) 从图中删去该顶点，并且删去从该顶点发出的全部有向边。

(3) 重复上述两步，直到剩余的图中不再存在没有前驱的顶点为止。

3. 拓扑排序算法设计

将邻接表定义中的 VNode 类型修改如下：

```
typedef struct              //表头结点类型
{   Vertex data;            //顶点信息
    int count;              //存放顶点入度
    ArcNode *firstarc;      //指向第一条边
} VNode;
```

拓扑排序算法如下：

```
void TopSort(AdjGraph *G)            //拓扑排序算法
{   int i,j;
    int St[MAXV],top=-1;             //栈 St 的指针为 top
    ArcNode *p;
    for (i=0;i<G->n;i++)             //入度置初值 0
        G->adjlist[i].count=0;
    for (i=0;i<G->n;i++)             //求所有顶点的入度
    {   p=G->adjlist[i].firstarc;
        while (p!=NULL)
        {   G->adjlist[p->adjvex].count++;
            p=p->nextarc;
        }
    }
```

```
            for (i=0;i<G->n;i++)                  //将入度为 0 的顶点进栈
                if (G->adjlist[i].count==0)
                {       top++;
                        St[top]=i;
                }
            while (top>-1)                          //栈不空循环
            {   i=St[top];top--;                    //出栈一个顶点 i
                printf("%d ",i);                    //输出该顶点
                p=G->adjlist[i].firstarc;           //找第一个邻接点
                while (p!=NULL)                      //将顶点 i 的出边邻接点的入度减 1
                {   j=p->adjvex;
                    G->adjlist[j].count--;
                    if (G->adjlist[j].count==0)      //将入度为 0 的邻接点入栈
                    {       top++;
                            St[top]=j;
                    }
                    p=p->nextarc;                    //找下一个邻接点
                }
            }
        }
```

【例 7.4】 对图 7.22 所示的图进行拓扑排序，可以得到不同的拓扑序列为_____。

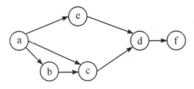

图 7.22 例 7.4 图

解 不同的拓扑序列有 aebcdf、abcedf、abecdf。

7.5.2 关键路径

1. AOE 网

一个无环的有向图称作有向无环图(directed acyclic graph)，简称 DAG。有向无环图是描述一项工程或系统的进行过程的有效工具。通常把计划、施工过程、生产流程、程序流程等都当成一个工程。除了很小的工程外，一般的工程都可分为若干个称作活动(activity)的子工程，而这些子工程之间通常受着一定条件的约束，如其中某些子工程的开始必须在另一些子工程完成之后。

AOE(activity on edge)网，即用边表示活动的网。顶点表示事件，有向边表示活动，边 e 的权 c(e)表示完成活动 e 所需的时间(比如天数)。图中入度为 0 的顶点表示工程的开始事件(如开工仪式)，出度为 0 的顶点表示工程结束事件。

2. 什么是关键路径

AOE 网中源点到汇点的最长路径叫关键路径。关键路径是由关键活动构成的，关键路径可能不唯一。

3. 求关键路径的过程

1) 事件的最早开始和最迟开始时间

事件 v 的最早开始时间：规定源点事件的最早开始时间为 0。定义图中任意事件 v 的最早开始时间(early event)，记作 ee(v)，ee(v)等于 x、y、z 到 v 所有路径中长度的最大值：

ee(v)=0   //当 v 为源点时

ee(v)=MAX{ee(x)+a, ee(y)+b, ee(z)+c}   //否则

事件 v 的最迟开始时间：在不影响整个工程进度的前提下，事件 v 必须发生的时间称为 v 的最迟开始时间(late event)，记作 le(v)。le(v)应等于 ee(y)与 v 到汇点的最长路径长度之差：

le(v)=ee(v)   //当 v 为汇点时

le(v)=MIN{le(x)-a, le(y)-b, le(z)-c}   //否则

2) 活动的最早开始时间和最迟开始时间

活动 a 的最早开始时间 e(a)指该活动起点 x 事件的最早开始时间，即 e(a)=ee(x)。

活动 a 的最迟开始时间 l(a)指该活动终点 y 事件的最迟开始时间与该活动所需时间之差，即 l(a)=le(y)-c。

3) 关键活动

对于每个活动 a，求出 d(a)=l(a)-e(a)，若 d(a)为 0，则称活动 a 为关键活动。

对关键活动来说，不存在富余时间。

【例7.5】 求图 7.23 所示图的关键路径。

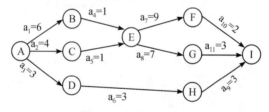

图 7.23　例 7.5 图(一)

先进行拓扑排序，假设拓扑序列为 ABCDEFGHI

计算各事件的 ee(v)如下：

ee(A)=0

ee(B)=ee(A)+c(a_1)=6

ee(C)=ee(A)+c(a_2)=4

ee(D)=ee(A)+c(a_3)=3

ee(E)=MAX(ee(B)+c(a_4), ee(C)+c(a_5))=MAX{7，5}=7

ee(F)=ee(E)+c(a_7)=16

ee(G)=ee(E)+c(a_8)=14

ee(H)=ee(D)+c(a_6)=6

ee(I)=MAX{ee(F)+c(a_{10})，ee(G)+c(a_{11})，ee(H)+c(a_9)}

=MAX(18，17，9}=18

拓扑序列为 ABCDEFGHI，按拓扑逆序 IHGFEDCBA 计算各事件的 le(v)如下：

le(I)=ee(I)=18

le(H)=le(I)-c(a_9)=15

le(G)=le(I)-c(a_{11})=15

le(F)=le(I)-c(a_{10})=16

le(E)=MIN(le(F)-c(a_7)，le(G)-c(a_8))={7，8}=7

le(D)=le(H)-c(a_6)=12

le(C)=le(E)-c(a_5)=6

le(B)=le(E)-c(a_4)=6

le(A)=MIN(le(B)-c(a_1)，le(C)-c(a_2)，le(D)-c(a_3))={0，2，9}=0

计算各活动的 e(a)、l(a)和 d(a)如下：

活动 a_1:	e(a_1)=ee(A)=0，	l(a_1)=le(B)-6=0，	d(a_1)=0
活动 a_2:	e(a_2)=ee(A)=0，	l(a_2)=le(C)-4=2，	d(a_2)=2
活动 a_3:	e(a_3)=ee(A)=0，	l(a_3)=le(D)-3=9，	d(a_3)=9
活动 a_4:	e(a_4)=ee(B)=6，	l(a_4)=le(E)-1=6，	d(a_4)=0
活动 a_5:	e(a_5)=ee(C)=4，	l(a_5)=le(E)-1=6，	d(a_5)=2
活动 a_6:	e(a_6)=ee(D)=5，	l(a_6)=le(H)-3=12，	d(a_6)=7
活动 a_7:	e(a_7)=ee(E)=7，	l(a_7)=le(F)-9=7，	d(a_7)=0
活动 a_8:	e(a_8)=ee(E)=7，	l(a_8)=le(G)-7=8，	d(a_8)=1
活动 a_9:	e(a_9)=ee(H)=7，	l(a_9)=le(I)-3=15，	d(a_9)=8
活动 a_{10}:	e(a_{10})=ee(F)=16，	l(a_{10})=le(I)-2=16，	d(a_{10})=0
活动 a_{11}:	e(a_{11})=ee(G)=14，	l(a_{11})=le(I)-3=15，	d(a_{11})=1

由此可知，关键活动有 a_{10}、a_7、a_4、a_1，因此关键路径有一条：A-B-E-F-I。

结果如图 7.24 所示。

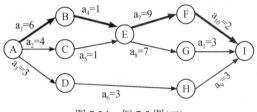

图 7.24 例 7.5 图(二)

7.6 最 短 路 径

路径长度： 对于带权有向图，把一条路径(仅仅考虑简单路径)上所经过边的权值之和定义为该路径的路径长度或称带权路径长度。

最短路径：从源点到终点可能不止一条路径，把路径长度最短的那条路径称为最短路径。

7.6.1 单源最短路径问题：Dijkstra 算法

给定一个带权有向图 G 与源点 v，求从 v 到 G 中其他顶点的最短路径，并限定各边上的权值大于或等于 0。单源最短路径问题可用 Dijkstra 算法解决。

狄克斯特拉(Dijkstra)求解思路：

设 G=(V，E)是一个带权有向图，把图中顶点集合 V 分成两组：

(1) 第 1 组为已求出最短路径的顶点集合，用 S 表示(初始时 S 只有一个源点，以后每求得一条最短路径 v，…，u，就将 u 加入集合 S 中，直到全部顶点都加入 S 中，算法就结束了)。

(2) 第 2 组为其余未求出最短路径的顶点集合，用 U 表示。

狄克斯特拉算法的过程如下：

(1) 初始化：S 只包含源点即 S={v}，v 的最短路径为 0。U 包含除 v 之外的其他顶点，U 中顶点 i 距离为边上的权值(若 v 与 i 有边<v,i>)或顶点∞(若顶点 i 不是 v 的出边邻接点)。

(2) 从 U 中选取一个距离 v 最小的顶点 u，把顶点 u 加入 S 中(该选定的距离就是 v 到 u 的最短路径长度)。

(3) 以顶点 u 为新考虑的中间点，修改 U 中各顶点 j 的最短路径长度：若从源点 v 到顶点 j(j∈U)的最短路径长度(经过顶点 u)比原来最短路径长度(不经过顶点 u)短，则修改顶点 j 的最短路径长度。

(4) 重复步骤(2)和(3)直到所有顶点都包含在 S 中。

狄克斯特拉算法的设计主要解决如下两个问题：

(1) 用一维数组 dist[j]存储最短路径长度。

默认 v 为源点，dist[j]表示源点到顶点 j 的最短路径长度，如 dist[2]=5 表示源点到顶点 2 的最短路径长度为 5。

(2) 用一维数组 path[]表示最短路径。

从源点到其他顶点的最短路径有 n-1 条，一条最短路径用一个一维数组表示，如从顶点 0 到 4 的最短路径为 0、1、2、5，表示为 path[4]={0, 1, 2, 5}，如图 7.25 所示。

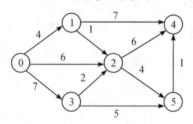

图 7.25　一个带权有向图

① 初始化：S={0}，U={1, 2, 3, 4, 5}，dist[]={0, 4, 6, 7, ∞, ∞}(源点 0 到其他各顶点的权值，直接来源于邻接矩阵)，path[]={0, 0, 0, 0, -1, -1}(若源点 0 到顶点 i 有边<0, i>，它就是当前从源点 0→i 的最短路径，且最短路径上顶点 i 的前一个顶点是源点 0,即置 path[]=0;否则置 path[]=-1，表示源点 0 到顶点 i 没有路径)。

② 从 U 中找最小的顶点(即 dist 值最小的顶点)为顶点 1,将它添加到 S 中,S={0,1},U={2,3,4,5},考查顶点 1,发现从顶点 1 到顶点 2 和顶点 4 有边:

dist[2]=MIN{dist[2],dist[1]+1}=5(修改),

dist[4]=MIN{dist[4],dist[1]+7}=11(修改),

则 dist[]={0,4,5,7,11,∞ },在 path 中用顶点 1 代替 dist 值发生修改的顶点,path[]={0,0,1,0,1,−1}。

③ 从 U 中找最小的顶点为顶点 2,将它添加到 S 中,S={0,1,2},U={3,4,5},考查顶点 2,发现从顶点 2 到顶点 4 和顶点 5 有边:

dist[4]=MIN{dist[4],dist[2]+6}=11,

dist[5]=MIN{dist[5],dist[2]+4}=9(修改),

则 dist[]={0,4,5,7,11,9},在 path 中用顶点 2 代替 dist 值发生修改的顶点,path[]={0,0,1,0,1,2}。

④ 从 U 中找最小的顶点为顶点 3,将它添加到 S 中,S={0,1,2,3},U={4,5},考查顶点 3,发现从顶点 3 到顶点 2 和顶点 5 有边(由于顶点 2 已经考查过,不进行修改):

dist[5]=MIN{dist[5],dist[3]+5}=9 没有修改,dist 和 path 不变。

⑤ 从 U 中找最小的顶点为顶点 5,将它添加到 S 中,S={0,1,2,3,5},U={4},考查顶点 5,发现从顶点 5 到达顶点 4 有边:

dist[4]=MIN{dist[4], dist[5]+1}=10(修改),

则 dist[]={0,4,5,7,10,9},在 path 中用顶点 5 代替 dist 值发生修改的顶点,path[]={0,0,1,0,5,2}。

⑥ 从 U 中找最小的顶点为顶点 4,将它添加到 S 中,S={0,1,2,3,5,4},U={},考查顶点 4,从顶点 4 不能到达任何顶点。S 中包含所有顶点,过程结束,此时

dist[]={0, 4, 5, 7, 10, 9},

path[]={0, 0, 1, 0, 5, 2}。

上述过程如图 7.26 所示。

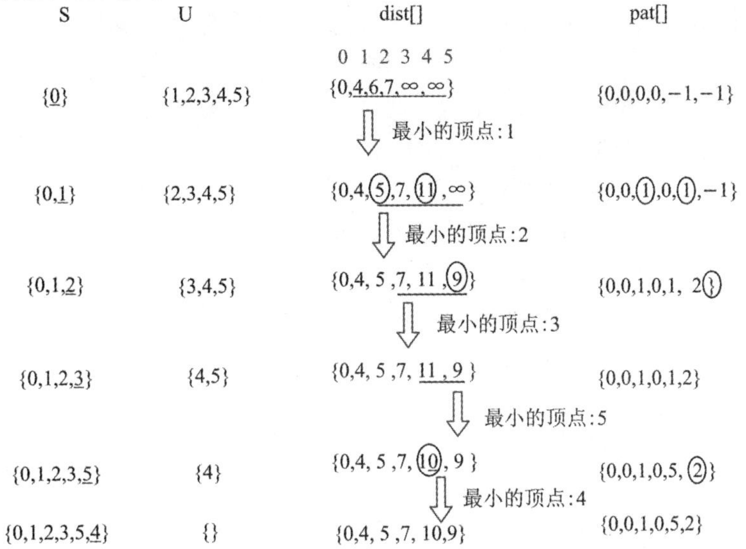

图 7.26 Dijkstra 算法的求解过程

⑦ 利用 dist 和 path 求最短路径长度和最短路径。

这里以源点 0≥4 的最短路径进行说明，dist[4]=10，即该最短路径长度为 10。

由顶点和 path 的对应关系可知：

顶点 0, 1, 2, 3, 4, 5

path={0, 0, 1, 0, 5, 2}

path[4]=5,

path[5]=2,

path[2]=1,

path[1]=0 到源点，

反推出最短路径为 0→1→2→5→4。

最短路径如图 7.27 所示。

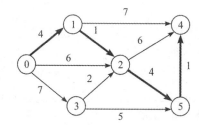

图 7.27　顶点 0 到 4 的最短路径图

从源点到所有其他顶点的求解结果如下：

从顶点 0 到顶点 1 的路径长度为 4，路径为 0、1；

从顶点 0 到顶点 2 的路径长度为 5，路径为 0、1、2；

从顶点 0 到顶点 3 的路径长度为 7，路径为 0、3；

从顶点 0 到顶点 4 的路径长度为 10，路径为 0、1、2、5、4；

从顶点 0 到顶点 5 的路径长度为 9，路径为 0、1、2、5。

Dijkstra 算法如下(v 为源点编号)：

```
void Dijkstra(MatGraph g,int v)          //Dijkstra 算法
{   int dist[MAXV],path[MAXV];
    int S[MAXV];                          //S[i]=1 表示顶点 i 在 S 中, S[i]=0 表示顶点 i 在 U 中
    int Mindis,i,j,u;
    for (i=0;i<g.n;i++)
    {   dist[i]=g.edges[v][i];            //距离初始化
        S[i]=0;                           //S[]置空
        if (g.edges[v][i]<INF)            //路径初始化
            path[i]=v;                    //顶点 v 到顶点 i 有边时，置顶点 i 的前一个顶点为 v
        else
            path[i]=-1;                   //顶点 v 到顶点 i 没边时，置顶点 i 的前一个顶点为-1
    }
    S[v]=1;path[v]=0;                     //源点编号 v 放入 S 中
    for (i=0;i<g.n-1;i++)                 //循环直到所有顶点的最短路径都求出
```

```
{       Mindis=INF;            //Mindis 置最大长度初值
        for (j=0;j<g.n;j++)        //选取不在 S 中(即 U 中)且具有最小最短路径长度的顶点 u
            if (S[j]==0 && dist[j]<Mindis)
            {    u=j;
                 Mindis=dist[j];
            }
        S[u]=1;                         //顶点 u 加入 S 中
        for (j=0;j<g.n;j++)             //修改不在 S 中(即 U 中)的顶点的最短路径
            if (S[j]==0)
                if (g.edges[u][j]<INF && dist[u]+g.edges[u][j]<dist[j])
                {    dist[j]=dist[u]+g.edges[u][j];
                     path[j]=u;
                }
    }
    Dispath(g,dist,path,S,v);               //输出最短路径
}
```

输出单源最短路径的 Dispath()函数如下:

```
void Dispath(MatGraph g,int dist[],int path[],int S[],int v)
//输出从顶点 v 出发的所有最短路径
{    int i,j,k;
     int apath[MAXV],d;                  //存放一条最短路径(逆向)及其顶点个数
     for (i=0;i<g.n;i++)                 //循环输出从顶点 v 到顶点 i 的路径
         if (S[i]==1 && i!=v)
         {    printf("  从顶点%d 到顶点%d 的路径长度为:%d\t 路径为:",v,i,dist[i]);
              d=0; apath[d]=i;           //添加路径上的终点
              k=path[i];
              if (k==-1)                 //没有路径的情况
                  printf("无路径\n");
              else                       //存在路径时输出该路径
              {    while (k!=v)
                   {    d++; apath[d]=k;
                        k=path[k];
                   }
                   d++; apath[d]=v;      //添加路径上的起点
                   printf("%d",apath[d]); //先输出起点
                   for (j=d-1;j>=0;j--)   //再输出其他顶点
                       printf(",%d",apath[j]);
                   printf("\n");
```

```
        }
    }
}
```

Dijkstra 算法的时间复杂度为 $O(n^2)$。

思政感悟：Dijkstra 算法是一种用于解决单源最短路径问题的算法，其特点是以起始点为中心向外层扩展(广度优先搜索思想)，直到扩展到终点为止。该算法可以用于解决许多现实生活中的问题。例如，在地图上查找两点之间的最短路线，或者在网络中查找信息传输的最短路径。通过使用 Dijkstra 算法，我们可以快速找到这些问题的解决方案。此外，Dijkstra 算法告诉我们，在面对问题时，应该采取科学的方法和态度，善于运用智慧和知识，以正确的方式解决问题。同时，它也强调了团队合作的重要性，因为在算法的实现过程中，需要多人协作，共同完成任务。总之，Dijkstra 算法不仅是一种技术手段，更是一种人类智慧的体现。它让我们更好地理解世界、解决问题，同时也启示我们在面对生活和工作中的问题时，应该保持科学、合作、创新的态度。

7.6.2 多源最短路径问题：Floyd 算法

对于一个各边权值均大于零的有向图，对每一对顶点 $i \ne j$，求出顶点 i 与顶点 j 之间的最短路径和最短路径长度。多源最短路径问题可用 Floyd 算法解决。算法采用迭代(递推)思路。

假设有向图 G=(V，E)采用邻接矩阵存储。设置一个二维数组 A 用于存放当前顶点之间的最短路径长度，分量 A[i][j]表示当前顶点 i 到顶点 j 的最短路径长度。

递推产生一个矩阵序列：

$$A_0, \quad A_1, \quad \cdots, \quad A_k, \quad \cdots, \quad A_{n-1}。$$

$A_k[i][j]$表示 i 到 j 的路径上所经过的顶点编号不大于 k 的最短路径长度。

Floyd 算法的设计主要解决如下两个问题：

(1) 用二维数组 A 存储最短路径长度。

$A_k[i][j]$表示考虑顶点 0 到顶点 k 后得出的 i 到 j 的最短路径长度。

$A_{n-1}[i][j]$表示最终的顶点 i 到 j 的最短路径长度。

(2) 用二维数组 path 存放最短路径。

$path_k[i][j]$表示考虑顶点 0 到顶点 k 后得出的 i 到 j 的最短路径。

$path_{n-1}[i][j]$表示最终的顶点 i 到 j 的最短路径长度。

如图 7.28 所示。

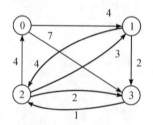

图 7.28　Floyd 算法示例

该图的邻接矩阵为 $A = \begin{bmatrix} 0 & 4 & \infty & 7 \\ \infty & 0 & 4 & 2 \\ 4 & 3 & 0 & 2 \\ \infty & \infty & 1 & 0 \end{bmatrix}$

(1) 最短路径长度初始时有：

A_{-1} 可表示为

	0	1	2	3
0	0	4	∞	7
1	∞	0	4	2
2	4	3	0	2
3	∞	∞	1	0

$path_{-1}$ 可表示为

	0	1	2	3
0	1	0	1	0
1	1	1	1	1
2	2	2	1	2
3	1	1	3	1

需要说明的是：两顶点的路径为∞时表示为 –1，顶点 i 到顶点 j 的路径表示为 –1，(i, j)有边时表示为 i。

(2) 考虑顶点 0：没有任何路径修改。

此时，$A_0 = A_{-1}$，$path_0 = path_{-1}$

则 A_0 为

	0	1	2	3
0	0	4	∞	7
1	∞	0	4	2
2	4	3	0	2
3	∞	∞	1	0

$path_0$ 为

	0	1	2	3
0	1	0	1	0
1	1	1	1	1
2	2	2	1	2
3	1	1	3	1

(3) 考虑顶点 1。

0→2：由无路径改为 0→1 →2，路径长度为 8，path[0][2]改为 1，

A_1 为

	0	1	2	3
0	0	4	8	7
1	∞	0	4	2
2	4	3	0	2
3	∞	∞	1	0

$path_1$ 为

	0	1	2	3
0	1	0	1	0
1	1	1	1	1
2	2	2	1	2
3	1	1	3	1

(4) 考虑顶点 2。

1→0：路径由无路径改为 1→2 →0，路径长度为 8，path[1][0]改为 2；

3→0：路径由无路径改为 3→2 →0，路径长度为 5，path[3][0]改为 2；

3→1：路径由无路径改为 3→2 →1，路径长度为 4，path[3][1]改为 2；

A_2 为

	0	1	2	3
0	0	4	8	7
1	8	0	4	2
2	4	3	0	2
3	5	4	1	0

$path_2$ 为

	0	1	2	3
0	1	0	1	0
1	2	1	1	1
2	2	2	1	2
3	2	2	3	1

(5) 考虑顶点 3。

0→2：路径 0→1 →2 和路径 0→3 →2 的长度均为 8，path[0][2]不改变；

1→0：路径由 1→2 →0 改为 1→3 →2 →0，路径长度为 7，path[1][0]改为 2；

1→2：路径由 1→2 改为 1→3 →2，路径长度为 3，path[1][2]改为 3；

A_3 为

	0	1	2	3
0	0	4	8	7
1	7	0	3	2
2	4	3	0	2
3	5	4	1	0

path₃ 为

	0	1	2	3
0	1	0	1	0
1	2	1	3	1
2	2	2	1	2
3	2	2	3	1

求最终结果：

A_3 为

	0	1	2	3
0	0	4	8	7
1	7	0	3	2
2	4	3	0	2
3	5	4	1	0

path₃ 为

	0	1	2	3
0	1	0	1	0
1	2	1	3	1
2	2	2	1	2
3	2	2	3	1

求最短路径长度：由 A_3 数组可以直接得到两个顶点之间的最短路径长度。

如 $A_3[1][0]=7$，说明顶点 1 到顶点 0 的最短路径长度为 7。

求最短路径：求顶点 1 到 0 的最短路径。

$path_3[1][0]=2$

$path_3[1][2]=3$

$path_3[1][3]=1$

顶点序列为 0、2、3、1，则顶点 1 到顶点 0 的最短路径为 1→3→2→0。

弗洛伊德算法如下：

```
void Floyd(MatGraph g)                              //Floyd 算法
{   int A[MAXV][MAXV],path[MAXV][MAXV];
    int i,j,k;
    for (i=0;i<g.n;i++)
        for (j=0;j<g.n;j++)
        {   A[i][j]=g.edges[i][j];
            if (i!=j && g.edges[i][j]<INF)
                path[i][j]=i;                       //顶点 i 到顶点 j 有边时
```

```
                else
                    path[i][j]=-1;                        //顶点 i 到顶点 j 没有边时
            }
        for (k=0;k<g.n;k++)                              //依次考察所有的顶点
        {   for (i=0;i<g.n;i++)
                for (j=0;j<g.n;j++)
                    if (A[i][j]>A[i][k]+A[k][j])
                    {   A[i][j]=A[i][k]+A[k][j];          //修改最短路径长度
                        path[i][j]=path[k][j];           //修改最短路径
                    }
        }
        Dispath(g,A,path);                               //输出最短路径
    }
```

输出多源最短路径的 Dispath()函数如下：

```
    void Dispath(MatGraph g,int A[][MAXV],int path[][MAXV])
    {   int i,j,k,s;
        int apath[MAXV],d;                       //存放一条最短路径的中间顶点(反向)及其顶点个数
        for (i=0;i<g.n;i++)
            for (j=0;j<g.n;j++)
            {   if (A[i][j]!=INF && i!=j)                //若顶点 i 和顶点 j 之间存在路径
                {   printf("  从%d 到%d 的路径为:",i,j);
                    k=path[i][j];
                    d=0; apath[d]=j;                     //路径上添加终点
                    while (k!=-1 && k!=i)                //路径上添加中间点
                    {   d++; apath[d]=k;
                        k=path[i][k];
                    }
                    d++; apath[d]=i;                     //路径上添加起点
                    printf("%d",apath[d]);               //输出起点
                    for (s=d-1;s>=0;s--)                 //输出路径上的中间顶点
                        printf(",%d",apath[s]);
                    printf("\t 路径长度为:%d\n",A[i][j]);
                }
            }
    }
```

本算法的时间复杂度为 O(n³)。

本 章 小 结

　　本章的学习要点涵盖了图的基本定义、逻辑结构特性及其相关术语，重点掌握了图的两种主要存储结构，即邻接矩阵和邻接表。此外，还深入学习了图的深度优先和广度优先遍历算法，讲解了生成树和最小生成树的定义，并介绍了求最小生成树的 Prim 算法和 Kruskal 算法。同时，本章还介绍了最短路径的概念，并讲解了求最短路径的 Dijkstra 算法和 Floyd 算法。

习　　题

一、单项选择题

1. 在一个图中，所有顶点的度数之和等于图的边数的(　　)倍。

A. 1/2　　　　　　　　B. 1　　　　　　　　C. 2　　　　　　　　D. 4

2. 在一个有向图中，所有顶点的入度之和等于所有顶点的出度之和的(　　)倍。

A. 1/2　　　　　　　　B. 1　　　　　　　　C. 2　　　　　　　　D. 4

3. 有 8 个结点的无向图最多有(　　)条边。

A. 14　　　　　　　　B. 28　　　　　　　　C. 56　　　　　　　　D. 112

4. 有 8 个结点的无向连通图最少有(　　)条边。

A. 5　　　　　　　　　B. 6　　　　　　　　C. 7　　　　　　　　D. 8

5. 有 8 个结点的有向完全图有(　　)条边。

A. 14　　　　　　　　B. 28　　　　　　　　C. 56　　　　　　　　D. 112

6. 用邻接表表示图进行广度优先搜索遍历时，通常是采用(　　)来实现算法的。

A. 栈　　　　　　　　B. 队列　　　　　　　C. 树　　　　　　　　D. 图

7. 用邻接表表示图进行深度优先搜索遍历时，通常是采用(　　)来实现算法的。

A. 栈　　　　　　　　B. 队列　　　　　　　C. 树　　　　　　　　D. 图

8. 深度优先搜索遍历类似于二叉树的(　　)。

A. 先序遍历　　　　　B. 中序遍历　　　　　C. 后序遍历　　　　　D. 层次遍历

9. 广度优先搜索遍历类似于二叉树的(　　)。

A. 先序遍历　　　　　B. 中序遍历　　　　　C. 后序遍历　　　　　D. 层次遍历

10. 任何一个无向连通图的最小生成树(　　)。

A. 只有一棵　　　　　B. 一棵或多棵　　　　C. 一定有多棵　　　　D. 可能不存在

二、填空题

1. 图有＿＿＿＿、＿＿＿＿等存储结构，遍历图有＿＿＿＿、＿＿＿＿等方法。

2. 有向图 G 采用邻接表矩阵存储,其第 i 行的所有元素之和等于顶点 i 的_____。

3. 如果 n 个顶点的图是一个环,则它有_____棵生成树(以任意顶点为起点,得到 n-1 条边)。

4. n 个顶点 e 条边的图,若采用邻接矩阵存储,则空间复杂度为_____。

5. n 个顶点 e 条边的图,若采用邻接表存储,则空间复杂度为_____。

6. 设有一稀疏图 G,则 G 采用_____存储较省空间。

7. 设有一稠密图 G,则 G 采用_____存储较省空间。

8. 图的逆邻接表存储结构只适用于_____图。

9. 已知一个图的邻接矩阵表示,删除所有从第 i 个顶点出发的方法是_____。

10. 图的深度优先遍历序列_____唯一的。

第8章

查 找

本章着重阐述了查找算法，具体涵盖了线性表、树表以及哈希表的查找方法。在线性表的查找过程中，我们深刻体会到了辩证历史唯物主义价值观的体现；树表的查找则揭示了动态与静止、特殊与一般之间辩证关系的奥秘；而哈希表的查找，则生动展现了矛盾对立统一规律的运用。本章通过对线性表、树表及哈希表查找算法的探讨，不仅传授了查找技巧，还深刻揭示了算法设计中的哲学思维，总结而言，是技术与哲理的巧妙融合。

8.1 查找的相关概念

目前，在互联网上查找信息是非常普遍的，如炒股软件中查股票信息、硬盘文件中找照片、在光盘中搜数据等，都涉及查找技术。我们给出以下几个概念。

- 查找表：所有这些需要被查的数据所在的集合，我们给它一个统称叫查找表，如图 8.1 部分省简介表。
- 关键字(key)：是数据元素中某个数据项的值，又称为键值，用它可以标识一个数据元素，也可以标识一个记录的某个数据项(字段)，我们称为关键码，如图 8.1 中①和②所示。
- 主关键字(primary key)：若此关键字可以唯一地标识一个记录，则称此关键字为主关键字。注意这也就意味着，对不同的记录，其主关键字均不相同。主关键字所在的数据项称为主关键码，如图 8.1 中③和④所示。

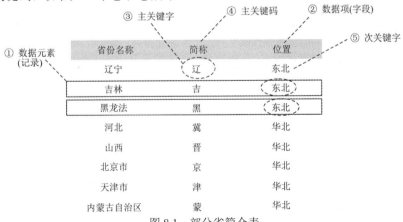

图 8.1 部分省简介表

• 次关键字(secondary key)：对于那些可以识别多个数据元素(或记录)的关键字，我们称为次关键字，如图 8.1 中⑤所示。次关键字也可以理解为是不以唯一标识一个数据元素(或记录)的关键字，它对应的数据项就是次关键码。

【例 8.1】　认识部分省简介表中关于查找的几个概念。

• 查找(searching)：根据给定的某个值，在查找表中确定一个其关键字等于给定值的数据元素。若表中存在这样的一个元素，则称查找是成功的。此时查找的结果给出整个数据元素的信息，或指示该数据元素在查找表中的位置；比如图 8.1 所示，如果我们查找主关键码“简称”的主关键字为“吉”的记录时，就可以得到第 2 条这唯一的记录。如果我们查找次关键码“位置”为“东北”的记录时，就可以得到三条记录。若表中不存在这样的元素，则称查找不成功，此时查找的结果可给出一个“null”元素(或空指针)。

• 动态查找表：若在查找的同时还对表做修改操作(如插入和删除)，则相应的表称之为动态查找表；

• 静态查找表：若在查找中不涉及表的修改操作，则称之为静态查找表。

• 内查找：若整个查找过程都在内存中进行，则称之为内查找。

• 外查找：反之，若查找过程中需要访问外存，则称之为外查找。

如何评价查找算法的时间效率？由于查找算法中为确定其关键字等于给定值的数据元素的基本操作为“关键字和给定值相比”，因此通常以查找过程中关键字和给定值比较的平均次数作为比较查找算法的度量依据。

• 平均查找长度 ASL (average search length)：查找过程中先后和给定值进行比较的关键字个数的期望值称作查找算法的平均查找长度。

对于含有 n 个记录的查找表，查找成功时的平均查找长度为

$$ASL = \sum_{i=1}^{n} p_i c_i$$

其中，p_i 为查找表中第 i 个记录的概率，且 $p_i=1/n$ $(1 \leqslant i \leqslant n)$。$c_i$ 是找到第 i 个记录所需进行比较的次数，显然，c_i 的值将随查找过程的不同而不同。

在本章以后各节讨论中涉及的数据元素(记录)将统一定义为如下描述的类型：

```
typedef struct
   {
KeyType key;          //关键字项
……                   //其他数据项
} ElemType;            //数据元素类型
```

其中的关键字类型可以为整型、实型、字符型、串类型等。

8.2　线性表的查找

线性表查找的主要方法有：顺序查找、二分查找、分块查找。

查找与数据的存储结构有关，线性表有顺序和链式两种存储结构。这里只介绍以顺序

表作为存储结构的相关查找算法，顺序表属于静态查找表。

8.2.1　顺序查找

顺序查找(sequential search)又叫线性查找，是最基本的查找技术，它的查找思路如下：从表的一端开始，顺序扫描线性表，依次将扫描到的关键字和给定值 k 相比较：

若当前扫描到的关键字与 k 相等，则查找成功；

若扫描结束后，仍未找到关键字等于 k 的记录，则查找失败。

算法实现如下：

```
/*顺序查找，R[]为数组，n 为要查找的数组个数，k 为要查找的关键字*/
int SeqSearch(RecType R[],int n,KeyType k)
{
    int i=0;
    while (i<n && R[i].key!=k)          //从表头往后找
        i++;
    if (i>=n)                          //未找到返回 0
        return 0;
    else
        return i+1;                    //找到返回逻辑序号 i+1
}
```

查找到表中第 i 个记录 R[i-1]时，需比较 i 次。因此成功时的顺序查找的平均查找长度为

$$ASL_{sq} = \sum_{i=1}^{n} p_i c_i = \frac{1}{n} \sum_{i=1}^{n} i = \frac{1}{n} \times \frac{n(n+1)}{2} = \frac{n+1}{2}$$

查找成功时的平均比较次数约为表长的一半。

查找不成功情况时需要和表中所有元素都比较一次，所以，不成功时的平均查找长度为 n。顺序查找不成功的时间复杂度为 O(n)。

很显然，顺序查找技术是有很大缺点的，n 很大时，查找效率极为低下，不过优点也是有的，这个算法非常简单，对静态查找表的记录没有任何要求，也适用于一些小型数据的查找。

8.2.2　折半查找

折半查找也称为二分查找，要求线性表中的记录必须已按关键字值有序(递增或递减)排列。

折半查找的思路是将查找区间逐渐缩小(折半)，具体操作如下：在有序表中，取中间记录作为比较对象，若给定值与中间记录的关键字相等，则查找成功；若给定值小于中间记录的关键字，则在中间记录的左半区继续查找；若给定值大于中间记录的关键字，则在中间记录的右半区继续查找。不断重复上述过程，直到查找成功，或所有查找区域无记录，查找失败为止。

算法描述如下：

low、high 和 mid 分别指向待查元素所在区间的上界、下届和中点，key 为给定的要查找的值。

初始时，令 low=0，high=n-1，mid=(low+high)/2，让 key 与 mid 指向的记录进行比较：

若 key== R[mid].key，则查找成功；

若 key< R[mid].key，则 high=mid-1；

若 key> R[mid].key，则 low=mid+1；

重复上述操作，直至 low>high 时，查找失败。

算法实现如下(在有序表 R[0..n-1]中进行折半查找，成功时返回元素的逻辑序号，失败时返回 0)：

```
int BinSearch(RecType R[],int n,KeyType k)        //折半查找算法
{    int low=0,high=n-1,mid;
     while (low<=high)                            //当前区间存在元素时循环
     {    mid=(low+high)/2;
          if (k==R[mid].key)                      //查找成功返回其逻辑序号 mid+1
               return mid+1;
          if (k<R[mid].key)                       //继续在 R[low..mid-1]中查找
               high=mid-1;
          else                                    //k>R[mid].key
               low=mid+1;                         //继续在 R[mid+1..high]中查找
     }
     return 0;                                    //未找到时返回 0(查找失败)
}
```

【例 8.2】   在关键字有序序列{1, 2, 17, 25, 36, 48, 60, 63, 74, 89, 100}中采用折半查找法查找关键字为 63 的元素。

程序开始运行，n=11，k=63，此时 low=0，high=10，进入循环，计算 mid=5，如图 8.2 所示。

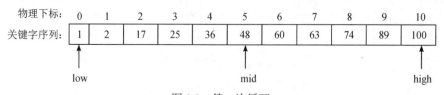

图 8.2   第一次循环

由于 key=63> R[5].key，则 low=mid+1=6，进入循环，重新计算 mid=8，如图 8.3 所示。

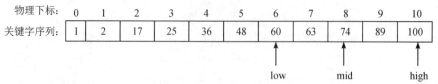

图 8.3   第二次循环

由于 k=63< R[8].key，则 high=mid-1=7，再次循环，mid=(6+7)/2=6，如图 8.4 所示。

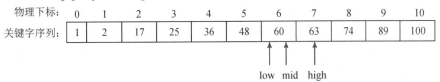

图 8.4　第三次循环

此时 k=63> R[6].key，low=6+1=7，再次循环，mid=(7+7)/2=7，如图 8.5 所示。

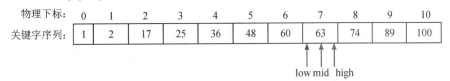

图 8.5　第四次循环

此时 k=63= R[7].key，返回逻辑序号 mid+1=8，查找成功，关键字为 63 的记录的逻辑序号为 8，关键字比较次数为 4。

折半查找过程可用二叉树来描述：

把当前查找区间的中间位置上的记录作为**根**；左子表和右子表中的记录分别作为根的**左子树和右子树**。这样的二叉树称为**判定树或比较树**。

当 n 比较大时，将判定树看成内部结点的总数为 $n=2^h-1$、高度为 $h=lb(n+1)$ 的满二叉树 (高度 h 不计外部结点)。树中第 i 层上的记录个数为 2^{i-1}，查找该层上的每个记录需要进行 i 次比较。

在等概率假设下，折半查找成功时的平均查找长度为

$$ASL_{bn} = \sum_{i=1}^{n} p_i c_i = \frac{1}{n} \sum_{j=1}^{h} 2^{j-1} \times j = \frac{n+1}{n} lb(n+1) - 1 \approx lb(n+1) - 1$$

对于 n 个元素，折半查找成功时最多的关键字比较次数为[lb(n+1)]，不成功时关键字比较次数为[lb(n+1)]。

折半查找的时间复杂度为 O(lbn)。

8.2.3　分块查找

分块有序表和顺序表类似，以顺序存储结构的线性表存储静态查找表中的记录，但和顺序表又有所不同，要求线性表中的记录按关键字"分段有序"。

索引：在建立这个"分段有序"的顺序表的同时，另建一个"索引"，索引为"索引项"的有序表，而每个索引项则由各分段的"最大关键字"和"起始序号"组成。

索引顺序表：由"分块有序表"和相应的"索引"构成一个"索引顺序表"，也是静态查找表的一种实现方法。

在索引顺序表中进行查找的方法被称为"**索引顺序查找**"或"**分块查找**"。分块查找的思路为均匀分块、块间有序、块内无序。其过程分为如下两步：

(1) 首先在索引表中进行折半或顺序查找，以确定待查关键字在分块有序表中所在的

"块"。

(2) 然后在"块"中进行顺序查找。

【例8.3】 设有一个线性表采用顺序表存储，其中包含 20 个元素，其关键字序列为 18，5，27，13，57，36，38，49，58，63，64，66，71，78，68，80，100，94，88，96。查找关键字为 68 的记录。

假设将 20 个元素分为 5 块(b=5)，每块中有 4 个元素(s=4)，该线性表的索引存储结构加图 8.6 所示。第一块中的最大关键字 27 小于第 2 块中的最小关键字 36，第 2 块中的最大关键字 57 小于第 3 块中的最小关键字 58，依此类推。

在图 8.6 所示的存储结构中查找关键字等于给定值 k=68 的元素。因为索引表小，不妨用顺序查找方法查找索引表，即首先将 k 依次和索引表中的各关键字比较，直到找到第 1 个关键字大于等于 k 的元素，由于 k≤80，所以关键字为 68 的元素若存在，则必定在第 4 块中；然后由 IDX[3].link 找到第 4 块的起始地址 12，从该地址开始在 R[12..15]中进行顺序查找，直到 R[14].key=k 为止。其中，顺序查找索引表，比较 4 次，然后，在对应块中查找，比较 3 次，共有 7 次关键字比较。

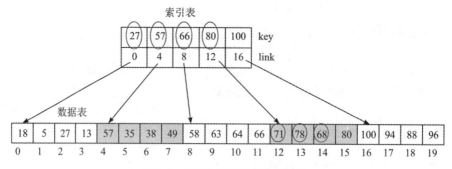

图 8.6 分块查找的索引存储结构

若给定值 k=30，先确定在第 2 块中，然后在该块中查找。因该块中查找不成功，故说明表中不存在关键字为 30 的元素。共有 6 次关键字比较。

分块查找的基本思路是首先查找索引表，因为索引表是有序表，故可采用折半查找或顺序查找，以确定待查的元素在哪一块；然后在已确定的块中进行顺序查找(因块内元素无序，故只能用顺序查找)。

采用折半查找索引表的分块查找算法如下(索引表 I 的长度为 b):

```
int IdxSearch(IdxType I[],int b,RecType R[],int n,KeyType k) //分块查找
{
    int s=(n+b-1)/b;              //s 为每块的元素个数，应为 n/b 的向上取整
    int low=0,high=b-1,mid,i;
    while (low<=high)            //在索引表中进行折半查找，找到的位置为 high+1
    {   mid=(low+high)/2;
        if (I[mid].key>=k)
            high=mid-1;
        else
            low=mid+1;
```

```
    }
    //应在索引表的 high+1 块中，再在主数据表中进行顺序查找
    i=I[high+1].link;
    while (i<=I[high+1].link+s-1 && R[i].key!=k)
        i++;
    if (i<=I[high+1].link+s-1)
        return i+1;              //查找成功，返回该元素的逻辑序号
    else
        return 0;               //查找失败，返回 0
    }
```

我们再来分析一下分块索引的平均查找长度。设 n 个记录的数据集被平均分成 b 块，每个块中有 s 条记录，显然 n = b × s，或者说 b = n/s。再假设 L 为查找索引表的平均查找长度，因最好与最差的等概率原则，所以 L 的平均长度为(b+1)/2。L_w 为块中查找记录的平均查找长度，同理可知它的平均查找长度为(s+1)/2。

于是，分块查找的平均查找长度：

$$\mathrm{ASL}_{bs} = L_b + L_w = \frac{1}{b}\sum_{j=1}^{b} j + \frac{1}{s}\sum_{i=1}^{s} i = \frac{b+1}{2} + \frac{s+1}{2}$$

分块查找的主要缺点是增加一个索引表的存储空间和增加建立索引表的时间。

8.3　树表的查找

下面重点介绍二叉排序树。

二叉排序树(简称 BST)又称为二叉**查找(搜索)树**，其定义为二叉排序树或者是一棵空树，或者是具有如下特性的二叉树：

(1) 若它的左子树不空，则左子树上所有结点的值均小于根结点的值；

(2) 若它的右子树不空，则右子树上所有结点的值均大于根结点的值；

(3) 它的左、右子树也都分别是二叉查找树。

例如，图 8.7 所示是一棵二叉排序树。

图 8.8 所示不是一棵二叉排序树。

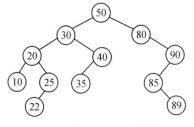

图 8.7　二叉排序树

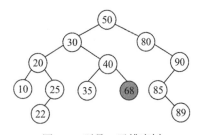

图 8.8　不是二叉排序树

通常情况下均以如下定义的二叉链表作为二叉排序树的存储结构：

```
typedef struct BiTNode {                        //结点结构
    ElemType data;                              //数据元素
    struct BiTNode *lchild, *rchild;            //左右孩子指针
} BiTNode, *BSTree;
```

1. 二叉排序树的查找算法

二叉排序树可看作是一个有序表，所以在二叉排序树上进行查找，和二分查找类似，也是一个逐步缩小查找范围的过程。

二叉排序树的查找过程和次优查找树类似。

若二叉排序树为空，则查找不成功；否则，

(1) 若给定值等于根结点的关键字，则查找成功；

(2) 若给定值小于根结点的关键字，则继续在左子树上进行查找；

(3) 若给定值大于根结点的关键字，则继续在右子树上进行查找。

从这几个例子可见，在二叉查找树中进行查找的过程为从根结点出发，沿着左分支或右分支递归进行查询直至关键字等于给定值的结点；或者从根结点出发，沿着左分支或右分支递归进行查询直至子树为空树止。前者为查找成功的情况，后者为查找不成功的情况。

递归查找算法 SearchBST()如下(在二叉排序树 bt 上查找关键字为 k 的记录，成功时返回该结点指针，否则返回 NULL)：

```
BSTNode *SearchBST(BSTNode *bt，KeyType k)
{
    if (bt==NULL || bt->key==k)              //递归出口
        return bt;
    if (k<bt->key)
        return SearchBST(bt->lchild，k);     //在左子树中递归查找
    else
        return SearchBST(bt->rchild，k);     //在右子树中递归查找
}
```

如果不仅要找到关键字为 k 的结点,还要找到其双亲结点,则采用的递归查找算法如下：

```
bool SearchBST (BSTree T, KeyType k, BSTree f, BSTree &p )
{
    /* 根指针 T 所指二叉查找树中递归查找关键字等于 k 的数据元素,若查找成功,则指针 p 指
       向该数据元素结点,并返回 TRUE；否则指针 p 指向查找路径上访问的最后一个结点并返回
       FALSE,指针 f 指向 T 的双亲,其初始调用值为 NULL*/
    if (!T) { p = f; return FALSE; }          //查找不成功
    else if ( k == T->data.key )
    { p = T; return TRUE; }                   //查找成功
    else if ( k < T->data.key )
```

```
        return SearchBST (T->lchild, k, T, p );
                                    //返回在左子树，继续查找所得结果
    else return SearchBST (T->rchild, k, T, p );
                                    //返回在右子树，继续查找所得结果
    } // SearchBST
```

需要注意的是，算法中的引用参数指针 p 在算法结束时的状态。若查找成功，即二叉查找树中存在等于给定值的关键字，则 p 指向该关键字所在结点；若查找不成功，则 p 应该指向查找路径上的最后一个结点。

2. 二叉排序树的插入算法

在二叉排序树中插入一个关键字为 k 的新结点，要保证插入后仍满足 BST 性质。

实际上，二叉排序树结构本身正是从空树开始逐个插入生成的。插入的原则如下：

(1) 若二叉排序树 T 为空，则创建一个 key 域为 k 的结点，将它作为根结点；

(2) 否则将 k 和根结点的关键字进行比较，若两者相等，则说明树中已有此关键字 k，无须插入，直接返回 0；

(3) 若 k<T->key，则将 k 插入根结点的左子树中。

(4) 否则将它插入右子树中。

注意：二叉排序树的插入算法采用的是先序遍历的思想，即先和根结点的关键字进行比较。

对应的递归算法 InsertBST()如下：

```
    int InsertBST(BSTNode *&p，KeyType k)
    {
        if (p==NULL)                    //原树为空，新插入的记录为根结点
        { p=(BSTNode *)malloc(sizeof(BSTNode));
          p->key=k;p->lchild=p->rchild=NULL;
          return 1;
        }
        else if   (k==p->key)           //存在相同关键字的结点，返回 0
            return 0;
        else if (k<p->key)
            return InsertBST(p->lchild，k);   //插入到左子树中
        else
            return InsertBST(p->rchild，k);   //插入到右子树中
    }
```

【例 8.4】 若给定值序列为{26, 18, 47, 2, 54, 39, 33, 5, 74, 68, 60, 12}，从空树起，逐个插入给定值后构成二叉排序树，并画出该二叉排序树。求在等概率的情况下查找成功的平均查找长度和查找不成功的平均查找长度。

解 根据题意，可以画出如图 8.9 所示的二叉排序树。

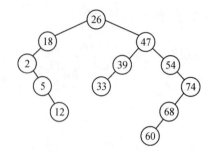

图 8.9　创建的二叉排序树

$$ASL_{成功} = \frac{1 \times 1 + 2 \times 2 + 3 \times 3 + 3 \times 4 + 2 \times 5 + 1 \times 6}{12} = 3.5$$

加上外部结点的二叉排序树如图 8.10 所示。

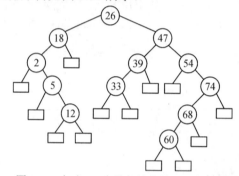

图 8.10　加上 13 个外部结点的二叉排序树

所以有：

$$ASL_{不成功} = \frac{1 \times 2 + 3 \times 3 + 4 \times 4 + 3 \times 5 + 2 \times 6}{13} = 4.15$$

创建的二叉排序树的中序序列：2, 5, 12, 18, 26, 33, 39, 47, 54, 60, 68, 74，由此可知二叉排序树的特点，如图 8.11 所示。

二叉排序树的中序序列是一个递增有序序列，根结点的最左下结点是关键字最小的结点，根结点的最右下结点是关键字最大的结点。

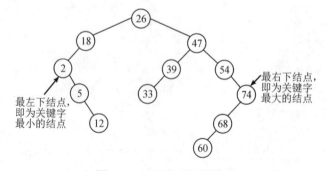

图 8.11　二叉排序树的特点

3. 二叉排序树的删除算法

在二叉排序树上删除一个结点之后仍应该是一棵二叉树，并保持其二叉查找树的特性。

二叉排序树如图 8.12 所示。

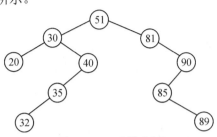

图 8.12　二叉排序树

那么在二叉排序树上如何删除一个结点，即如何修改结点的指针？分如下三种情况讨论：

(1) 被删结点为"叶子"，如果被删关键字=89，则此时删除该结点不影响其他结点之间的关系，因此仅需修改其双亲结点的相应指针即可。将其双亲结点中相应指针域的值改为"空"，结果如图 8.13 所示。

(2) 被删结点只有左子树或右子树，如果被删关键字 = 81，则只需保持该结点的子树和其双亲之间原有的关系即可，即删除该结点之后，它的子树中的结点仍在其双亲的左子树或右子树上，因此只需要将其左子树或右子树直接链接到其双亲结点成为其双亲的子树即可。其双亲结点的相应指针域的值改为"指向被删除结点的左子树或右子树"，结果如图 8.14 所示。

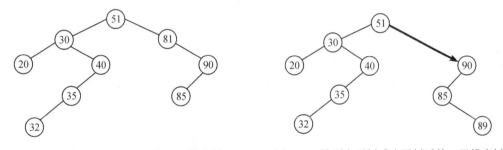

图 8.13　被删"叶子"结点后的二叉排序树　　　图 8.14　被删左子树或右子树后的二叉排序树

(3) 被删结点的左右子树均不空，如果被删关键字=51。此时若将二叉查找树视作一个有序序列，为保持其左子树和其右子树间的有序关系，则可将"前驱"替代被删数据元素，即将被删结点的数据元素赋值为它的"前驱"，然后从二叉查找树上删去这个"前驱"结点，使得删除这个结点之后的二叉查找树上其余结点之间的"有序"关系不变，而其前驱结点由于只有左子树容易删除。结果如图 8.15 所示。

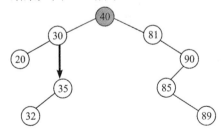

图 8.15　被删左右子树均不空的结点后的二叉排序树

如何删除仅仅有右子树的结点*p，算法描述如下：

① 查找被删结点。

```
int deletek(BSTNode *&bt，KeyType k)
{   if (bt!=NULL)
    {   if (k==bt->key)
        {   deletep(bt)
            return 1;
        }
        else if (k<bt->key)
            deletek(bt->lchild，k);
        else
            deletek(bt->rchild，k);
    }
    else
        return 0;
}
```

② 删除结点 p。

```
void deletep(BSTNode *&p)
{   BSTNode *q;
    q=p;
    p=p->rchild;
            //用其右孩子结点替换它
    free(q);
}
```

在二叉排序树 bt 中删除结点的算法如下：

```
int DeleteBST(BSTNode *&bt，KeyType k)   //在 bt 删除关键字为 k 的结点
{
    if (bt==NULL) return 0;              //空树删除失败
    else
    {   if (k<bt->key) return DeleteBST(bt->lchild，k);
                                //递归在左子树中删除为 k 的结点
        else if (k>bt->key) return DeleteBST(bt->rchild，k);
                //递归在右子树中删除为 k 的结点
        else    //bt->key=k
        {   Delete(bt);                 //调用 Delete(bt)函数删除 bt 结点
            return 1;
        }
    }
}

void Delete(BSTNode *&p)                 //从二叉排序树中删除*p 结点
```

```
{   BSTNode *q;
    if (p->rchild==NULL)                    //p 结点没有右子树的情况
    {   q=p; p=p->lchild;                    //用其左孩子结点替换它
        free(q);
    }
    else if (p->lchild==NULL)               //p 结点没有左子树的情况
    {   q=p; p=p->rchild;                    //用其右孩子结点替换它
        free(q);
    }
    else Delete1(p，p->lchild);
                                            //p 结点既没有左子树又没有右子树的情况
}


void Delete1(BSTNode *p，    BSTNode *&r)
                                            //当被删*p 结点有左、右子树时的删除过程
{   BSTNode *q;
    if (r->rchild!=NULL)
        Delete1(p，r->rchild);               //递归找*r 的最右下结点
    else                                    //r 指向最右下结点
    {   p->key=r->key;   p->data=r->data    //值替换
        q=r; r=r->lchild;                   //删除原*r 结点
        free(q);                            //释放原*r 的空间
    }
}
```

8.4 哈希表的查找

8.4.1 哈希表的相关概念

对于前面章节中讨论的各种结构，它们的平均查找长度不仅不可能为 0，而且都随
n(关键字集合的大小)的增长而增长。因为无论是在表示静态查找表的顺序表和有序表中，
还是动态查找树表中，数据元素在结构中的位置都是随机的，和它的关键字无关。在这样
的结构中进行查找的主要操作就是将给定值和表中关键字依次进行比较，其查找效率取
决于比较的次数。如果希望不经过比较直接取得其关键字等于给定值的记录，只能是在确
定知晓该关键字在表中位置的情况下。例如，某城市人口调查表中的关键字为"年龄"，
当以表长为 120 的有序表表示时，查询年龄为 60 岁的人口数时只需要直接取表中第 60
项的记录即可，显然，此时的平均查找长度为 0。一般情况下，存在某个函数，对任意给

定的关键字值, 代入函数后若能得到包含该关键字的记录在表中的地址, 则称这种函数为"哈希函数"。

也就是说, 我们只需要通过某个函数 f, 使得存储位置=f(关键字), 这样我们可以通过查找关键字, 不需要比较就可获得需要的记录的存储位置。这就是一种新的存储技术——散列技术。

哈希(Hash)函数: 应用散列技术在记录的存储位置和它的关键字之间建立一个确定的对应关系 f, 使得每个关键字 key 对应一个存储位置 f(key)。查找时, 根据这个确定的对应关系找到给定值 key 的映射 f(key), 若查找集合中存在这个记录, 则必定在 f(key)的位置上。我们把这种对应关系 f 称为散列函数, 又称为哈希(Hash)函数。

哈希表(Hash table): 采用散列技术, 将记录存储在一块连续的存储空间中, 这块连续存储空间称为散列表或哈希表, 把关键字对应的记录存储位置称为散列地址。

哈希冲突: 对于两个关键字分别为 k_i 和 $k_j(i \neq j)$ 的记录, 有 $k_i \neq k_j$, 但 $h(k_i)=h(k_j)$。把这种现象叫作哈希冲突(也称为同义词冲突)。

哈希表的设计主要需要解决哈希冲突。实际中哈希冲突是难以避免的, 主要与以下三个因素有关:

(1) 与装填因子有关。装填因子 α=存储的记录个数/哈希表的大小, 即 $\alpha=n/m$。α 越小, 冲突的可能性就越小; α 越大(最大可取 1), 冲突的可能性就越大。通常使最终的装填因子控制在 0.6~0.9 的范围内。

(2) 与所采用的哈希函数有关。好的哈希函数会减少冲突的发生; 不好的哈希函数会增加冲突的发生。

(3) 与解决冲突的方法有关。好的哈希冲突解决方法会减少冲突的发生。

所以哈希表设计的重点是: 尽可能设计好的哈希函数, 设计解决冲突的方法。

8.4.2　构造哈希函数的方法

若对于关键字集合中的任意一个关键字, 经哈希函数映象到地址集合中任何一个地址的概率相等, 则称此类哈希函数为均匀的哈希函数。对数值型的关键字, 常用的构造均匀的哈希函数的方法有如下几种。

1. 直接定址法

取关键字本身或关键字的某个线性函数值作为哈希表的地址, 即 Hash(key)=key 或 Hash(key)=a key+b (a 和 b 均为常数)。

直接定址所得地址集的大小和关键字集的大小相同, 关键字和地址一一对应, 决不会产生冲突。但实际应用中能采用直接定址的情况极少。

2. 数字分析法

如果可能出现的关键字的数位相同, 且取值事先知道, 则可对关键字进行分析, 取其中"分布均匀"的若干位或它们的组合作为哈希表的地址。

3. 平方取中法

如果关键字的所有各位分布都不均匀，则可取关键字的平方值的中间若干位作为哈希表的地址。由于一个数的平方值的中间几位数受该数所有位的影响，将使随机分布的关键字得到的哈希函数值也是随机的。

4. 折叠法

若关键字的位数很多，且每一位上数字分布大致均匀，则可采用移位叠加或间界叠加，即将关键字分成若干部分，然后以它们的叠加和(舍去进位)作为哈希地址。移位叠加是将分割后的每一部分的最低位对齐，然后相加；间界叠加是从一端向另一端沿分割界来回折叠，然后对齐相加。

例如，key = 110108780428895，采用移位叠加得到的哈希地址为 321，采用间界叠加得到的哈希地址为 410 (哈希表的表长为 1000)。

5. 除留余数法

以关键字被某个数 p 除后所得余数作为哈希地址，即

$$\text{Hash(key)} = \text{key mod } p$$

其中，MOD 表示"取模"运算，p 为不大于表长的素数或不包含小于 20 的质因素的合数。

6. 随机数法

当关键字不等长时，可取关键字的某个伪随机函数值作为哈希地址，即

$$\text{Hash(key)} = \text{random(key)}$$

对于非数值型关键字，则需先将它们转化为数字。实际造表时，采用何种构造哈希函数的方法取决于建表的关键字集合的情况(包括关键字的范围和形态)，总的原则是使产生冲突的可能性尽可能小。

8.4.3 处理冲突的方法

有两类处理冲突的方法。

1. 开放定址法

开放定址处理冲突的办法是，设法为发生冲突的关键字"找到"哈希表中另一个**新的空闲的哈希地址**。

令 $H_i = (\text{Hash(key)} + d_i) \bmod m$ (i=1, 2, ..., s(s≤m))

上式的含义是，已知哈希表的表长为 m (即哈希表中可用地址为 0～m-1)，若对于某个关键字 key，哈希表中地址为 Hash(key) 的位置已被占用，则为该关键字试探"下一个"地址，即 $H_1 = (\text{Hash(key)} + d_1) \bmod m$，若 H_1 也已被占用，则试探再"下一个"地址，即 $H_2 = (\text{Hash(key)} + d_2) \bmod m$，依此类推，直至找到一个地址 $H_3 = (\text{Hash(key)} + d_3) \bmod m$ 未被占用为止。即 H_i 是为解决冲突生成的一个地址序列，其值取决于设定"增量序列 d_i"。

对于 d_i 通常可有两种设定方法：线性探查法和平方探查法。

1) 线性探查法

线性探查法的数学递推公式为

$$d_0 = h(k)$$

$$d_i = (d_{i-1} + 1) \bmod m \quad (1 \leqslant i \leqslant m-1)$$

其中，d_i=1，2，3，…，m-1。

思路：找被占用位置的后面空位置。模 m 是为了保证找到的位置在 0～m-1 的有效空间中。

非同义词冲突：哈希函数值不相同的两个记录争夺同一个后继哈希地址，即堆积(或聚集)现象。

如下哈希表：

$$(56, 23, 14, 68, 82, 70, 36, 19, 91)$$

当插入关键字 23(Hash(23)=1)时，出现冲突现象，取增量 d_i=1，求得处理冲突后的哈希地址为(1+1=)2；又如，在插入关键字 36(Hash(36)=3)时，因哈希表中地址为 3、4、5 和 6 的位置均已存放记录，因此取增量 d_k=4，即处理冲突后的哈希地址为(3+4=) 7。

【例 8.5】 假设哈希表长度 m=13，采用除留余数法哈希函数建立如下关键字集合的哈希表：

$$(16, 74, 60, 43, 54, 90, 46, 31, 28, 88, 75)$$

并采用线性探查法解决冲突。

依次插入关键字：

h(16)=3，h(74)=9，h(60)=8，h(43)=4，h(54)=2，h(90)=12，h(46)=7，h(31)=5，

当插入关键字 28 时：

h(28)=2，d_0=2，求得哈希地址为 2，与关键字 16 出现冲突现象；

d_1=(2+1) % 13=3，求得处理冲突后的哈希地址为 3，仍冲突；

d_2=(3+1) % 13=4，仍冲突；

d_3=(4+1) % 13=5，仍冲突；

d_4=(5+1) % 13=6，冲突解决。共探查 5 次。如图 8.16 所示。

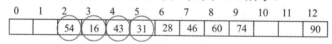

图 8.16 关键字 28 的探查过程

继续插入关键字 88，h(88)=10。

继续插入关键字 75，h(75)=10，与关键字 88 出现冲突现象，d_1=(10+1) % 13=11，冲突解决。共探查 2 次。

哈希表创建完毕，最终的哈希表如图 8.17 所示。

下标	0	1	2	3	4	5	6	7	8	9	10	11	12
k			54	16	43	31	28	46	60	74	88	75	90
探查次数			1	1	1	1	5	1	1	1	1	2	1

图 8.17 哈希表 ha[0..12]

由此可知哈希表的构成为哈希函数：本例为 h(k)=k mod 13。解决冲突方法：本例采用线性探查法。

对于前面构建的哈希表，计算查找成功的 ASL，探查次数恰好等于查找到该记录所需要的关键字的比较次数：

$$\text{ASL}_{\text{成功}} = \frac{1+1+1+1+5+1+1+1+2+1}{11} \approx 1.5$$

思政感悟：哈希表是一种用于快速查找的数据结构，其中每个元素都有一个唯一的哈希值。当两个或多个元素具有相同的哈希值时，就会发生冲突。线性探查法是一种处理哈希表冲突的方法，它按照一定的步长依次探查下一个位置，直到找到一个空位为止。线性探查法在处理哈希表冲突时，具有很好的适应性与灵活性。当发生冲突时，它不会像其他一些算法那样陷入死循环或返回错误结果，而是通过依次探查下一个位置来寻找空位。这启示我们在面对问题时，要善于灵活变通，寻找解决问题的新途径。同时，我们还要有足够的耐心和坚持，不轻易放弃。在解决问题时，有时候需要付出一定的努力和时间，不断尝试和探索，才能找到最佳的解决方案。另外，在使用线性探查法时，通常需要预先规划好探查的步长和范围。这也启示我们在实际生活中，要善于预判和规划，明确目标和计划，有条不紊地开展工作。只有做好充分的规划和准备，才能更好地应对各种挑战和问题。

总之，线性探查法是一种简单而有效的处理哈希表冲突的方法。它让我们认识到在面对问题时应该保持适应性与灵活性，具有耐心与勇于坚持，提前进行预判与规划。这些对于我们的生活和工作都有着积极的启示作用。

2) 平方探查法

平方探查法的数学描述公式为

$$d_0 = h(k)$$

$$d_i = (d_0 \pm i^2) \bmod m \quad (1 \leqslant i \leqslant m-1)$$

其中，$d_i = d_0 + 1$，$d_0 - 1$，$d_0 + 4$，$d_0 - 4$，$\cdots$。

思路：在电影院中找被占用位置的前后空位置！

平方探查法是一种较好的处理冲突的方法，可以避免出现堆积现象。它的缺点是不能探查到哈希表上的所有单元，但至少能探查到一半单元。

2. 链地址法

开放定址法的思路是遇到冲突就换地方，那为什么有冲突就要换地方呢，我们直接就在原地想办法不可以吗？于是就有了链地址法。

将所有关键字为"同义词"的记录链接在一个线性链表中。此时的哈希表以"指针数组"的形式出现，数组内各个分量存储相应哈希地址的链表的头指针，这就是链地址法(也称拉链法)。此时，已经不存在什么冲突换址的问题，无论有多少个冲突，都只是在当前位置给单链表增加结点的问题。

【例 8.6】 关键字序列：(16，74，60，43，54，90，46，31，28，88，75)，构造采用链地址法解决冲突的哈希表。

链地址法中查找成功的 ASL 计算：若成功找到第 1 层的结点，则需要 1 次关键字比较，共 9 个结点。若成功找到第 2 层的结点，则需要 2 次关键字比较，共 2 个结点。则

$$\text{ASL}_{\text{成功}} = \frac{9 \times 1 + 2 \times 2}{11} \approx 1.2$$

拉链法解决冲突的哈希表如图 8.18 所示。

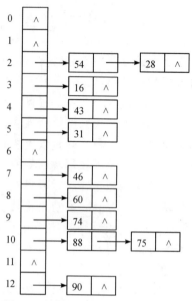

图 8.18 链地址法解决冲突的哈希表

3. 开放定址的哈希表的查找和插入

在利用开放定址处理冲突的哈希表中进行查找时，首先应计算给定值的哈希函数值，若表中该位置上没有记录，则表明关键字等于给定值的记录不存在；若该位置上的记录的关键字和给定值不等，则依据建表时设定的增量值寻找下一个地址，直至查找成功(某个位置上的记录的关键字等于给定值)或查找不成功(哈希表中不存在关键字等于给定值的记录)，并且在查找不成功的情况下，确定该地址恰为新的记录的插入位置。

本 章 小 结

本章学习要点涵盖了查找的基本概念，线性表的顺序查找、折半查找以及分块查找方法，讲解了二叉排序树的定义、查找、插入和删除算法，同时也介绍了哈希表的定义和特点、哈希函数的构造方法以及解决冲突策略。

习　题

一、单项选择题

1. 如果要求一个线性表既能较快地查找，又能适应动态变化的要求，最好采用(　　)查找法。

A. 顺序查找　　　　B. 折半查找　　　　　C. 分块查找　　　　　D. 哈希查找

2. 对 22 个记录的有序表作折半查找，当查找失败时，至少需要比较(　　)次关键字。

A. 3　　　　　　　　B. 4　　　　　　　　C. 5　　　　　　　　D. 6

3. 在平衡二叉树中插入一个结点后造成了不平衡，设最低的不平衡结点为 A，并已知 A 的左孩子的平衡因子为 0，右孩子的平衡因子为 1，则应作(　　)型调整以使其平衡。

A. LL　　　　　　　B. LR　　　　　　　C. RL　　　　　　　D. RR

4. 已知一个有序表(13, 18, 24, 35, 47, 50, 62, 83, 90, 115, 134)，当二分查找值为 90 的元素时，查找成功的比较次数为(　　)。

A. 1　　　　　　　　B. 2　　　　　　　　C. 4　　　　　　　　D. 6

5. 下面关于哈希查找的说法，不正确的是(　　)。

A. 采用链地址法处理冲突时，查找一个元素的时间是相同的

B. 采用链地址法处理冲突时，若插入地址规定总是在链首，则插入任意一个元素的时间是相同的

C. 用链地址法处理冲突，不会引起二次聚集现象

D. 用链地址法处理冲突，适合表长不确定的情况

6. 设哈希表长为 14，哈希函数是 H(key)=key%11，表中已有数据的关键字为 15、38、61、84 共四个，现要将关键字为 49 的元素加到表中，用二次探测法解决冲突，则放入的位置是(　　)。

A. 8　　　　　　　　B. 3　　　　　　　　C. 5　　　　　　　　D. 9

7. 采用线性探测法处理冲突，可能要探测多个位置，在查找成功的情况下，所探测的这些位置上的关键字(　　)。

A. 不一定都是同义词　　　　　　　　B. 一定都是同义词

C. 一定都不是同义词　　　　　　　　D. 都相同

8. 由 n 个数据元素组成的两个表：一个递增有序，一个无序。采用顺序查找算法，对有序表从头开始查找，发现当前元素已不小于待查元素时，停止查找，确定查找不成功，已知查找任一元素的概率是相同的，则在两种表中成功查找(　　)。

A. 平均时间后者小　　　　　　　　　B. 平均时间两者相同

C. 平均时间前者小　　　　　　　　　D. 无法确定

9. 对长度为 3 的顺序表进行查找，若查找第一个元素的概率为 1/2，查找第二个元素的概率为 1/3，查找第三个元素的概率为 1/6，则查找任意元素的平均查找长度为(　　)。

A. 5/3　　　　　　　B. 2　　　　　　　　C. 7/3　　　　　　　D. 4/3

10. 具有 12 个关键字的有序表中，对每个关键字的查找概率相同，折半查找算法查找成功的平均查找长度为(　　)。

A. 37/12　　　　　　B. 35/12　　　　　　C. 39/13　　　　　　D. 49/13

二、填空题

1. _____法构造的哈希函数肯定不会发生冲突。

2. 高度为 8 的平衡二叉树的结点数至少有_____个。

3. 不受待排序初始序列的影响，时间复杂度为 $O(n^2)$ 的排序算法是_____，在排序算法的最后一趟开始之前，所有元素都可能不在其最终位置上的排序算法是_____。

4. 处理哈希冲突的主要方法有_____和_____。

5. 查找是非数值程序设计的一个重要技术问题，基本上分成_____、_____和_____。

第9章

排　序

本章排序主要讲解插入排序、交换排序及选择排序。排序算法体现的相关哲学原理是唯物辩证法的质量互变规律，事物的发展是前进性和曲折性的统一，事物是普遍联系的，以及整体与部分的辩证关系。可以培养学生学习笨鸟先飞、愚公移山的精神，在生活和工作中指导我们具备坚持就是胜利的认知意识。

9.1　排序基本概念

什么是"排序"？简单说，排序是将无序的记录序列调整为有序记录序列的一种操作。例如，将下列记录序列

$$\{ 52, 49, 80, 36, 14, 58, 61, 23, 97, 75 \}$$

调整为序列

$$\{ 14, 23, 36, 49, 52, 58, 61, 75, 80, 97 \}$$

1. 排序的定义

一般情况下，对排序的定义为

假设含有 n 个记录的序列为 $\{r_1, r_2, \cdots, r_n\}$，它们的关键字相应为 $\{k_1, k_2, \cdots, k_n\}$，排序就是要确定序号 1, 2, $\cdots$, n 的一种排列 p_1, p_2, $\cdots$, p_n，使其相应的关键字满足如下的非递减(或非递增)的关系：$k_{p1} \leqslant k_{p2} \leqslant \cdots \leqslant k_{pn}$，也就是使记录序列重新排列成一个按关键字有序的序列 $\{r_{p1}, r_{p2}, \cdots, r_{pn}\}$。

当待排序记录中的关键字 k_i (i=1, 2, $\cdots$, n)都不相同时，则任何一个记录的无序序列经排序后得到的结果是唯一的；反之，若待排序的序列中存在两个或两个以上关键字相等的记录，则排序所得到的结果不唯一。

2. 排序的稳定性

假设 $k_i = k_j$ ($1 \leqslant i \leqslant n$, $1 \leqslant j \leqslant n$, $i \neq j$)，且在排序前的序列中 r_i 领先于 r_j (即 i<j)。若在排序后的序列中 r_i 仍领先于 r_j，则称所用的排序方法是稳定的；反之，若可能使排序后的序列中 r_j 领先于 r_i，则称所用的排序方法是不稳定的。在某些有特殊要求的应用问题中需要考虑所用排序方法的稳定性的问题。

3. 排序的分类

根据在排序过程中涉及的存储器不同，可将排序方法分为以下两大类：

(1) 内部排序：在排序进行的过程中不使用计算机外部存储器的排序过程。

(2) 外部排序：在排序进行的过程中使用计算机外部存储器的排序过程。

本章仅讨论各种内部排序的方法。

4. 内部排序数据的组织

待排序的顺序表的数据元素类型定义如下：

```
typedef int KeyType;        //定义关键字类型
typedef struct             //记录类型
    {  KeyType key;         //关键字项
       InfoType data;       //其他数据项，类型为 InfoType
    } RecType;              //排序的记录类型定义
```

内部排序的过程是一个逐步扩大记录的"有序序列"区域的长度的过程。大多数排序方法在排序过程中将出现"有序"和"无序"两个区域，其中有序区内的记录已按关键字非递减有序排列，而无序区内为待排记录。通常称"使有序区中记录数目增加一个或几个"的操作过程为"一趟排序"。

按何种策略扩大有序区域将产生不同的排序方法。例如，在无序区域中选取一个关键字最小的记录加到有序区域中的排序方法称为"选择类"的排序法，除此之外还有插入类、交换类、归并类和基数类等排序方法。本章仅就各类介绍一二个典型排序法。

待排序的记录序列可以用顺序表表示，也可以用链表表示。

9.2　插　入　排　序

9.2.1　直接插入排序

插入排序的准则是：在有序序列中插入新的记录以达到扩大有序区的长度的目的。一趟直接插入排序的基本思想则是：在对记录序列 R[1..n]的排序过程中，区段 R[1..i-1]中的记录已按关键字非递减的顺序排列，将 R[i]插入到有序序列 R[1..i-1]中，使区段 R[1..i]中的记录按关键字非递减顺序排列。

由此实现一趟插入排序的步骤如下：

(1) 在 R[1..i-1]中查找 R[i]的插入位置，即确定 $j(0 \leq j < i)$ 使得 R[1..j].key $\leq$ R[i].key $<$ R[j+1..i-1].key。

(2) 将 R[j+1..i-1]中的记录后移一个位置。

(3) 将 R[i]插入到 j+1 的位置。

1. 排序算法

直接插入排序算法如下：

```
void InsertSort(RecType R[],int n) //对 R[0..n-1]按递增有序进行直接插入排序
{    int i, j; RecType tmp;
```

```
        for (i=1;i<n;i++)
        {
            if (R[i].key<R[i-1].key)          //反序时
            {
                tmp=R[i];
                j=i-1;
                do                            //找 R[i]的插入位置
                {
                    R[j+1]=R[j];              //将关键字大于 R[i].key 的记录后移
                    j--;
                } while  (j>=0 && R[j].key>tmp.key);
                R[j+1]=tmp;                   //在 j+1 处插入 R[i]
            }
            printf("  i=%d: ",i); DispList(R,n);
        }
    }
```

2. 直接插入排序的时间复杂度

从上述排序过程可见，排序中的两个基本操作是：(关键字间的)比较和(记录的)移动。因此排序的时间性能取决于排序过程中这两个操作的次数。从直接插入排序的算法可见，这两个操作的次数取决于待排记录序列的状态。当待排记录处于"正序"，即记录按关键字从小到大的顺序排列的情况时，所需进行的关键字比较和记录移动的次数最少；反之，当待排记录处于"逆序"，即记录按关键字从大到小的顺序排列的情况时，所需进行的关键字比较和记录移动的次数最多，如表 9.1 所列。

表 9.1   直接插入排序的时间复杂度

待排记录序列状态	"比较"次数	"移动"次数
正序	$n-1$	0
逆序	$\dfrac{n(n-1)}{2}$	$\dfrac{(n+4)(n-1)}{2}$

若待排记录序列处于随机状态，则可以最坏和最好的情况的平均值作为插入排序的时间性能的量度。一般情况下，直接插入排序的时间复杂度为 $O(n^2)$。

先分析一趟直接插入排序的情况：

若 $R[i].key \geqslant R[i-1].key$，只进行"1"次比较，不移动记录；

若 $R[i].key < R[1].key$，需进行"i"次比较，i+1 次移动。

9.2.2   折半插入排序

插入排序的基本思想是在一个有序序列中插入一个新的记录，则可以利用折半查找查询插入位置，由此得到的插入排序算法为折半插入排序。

1. 折半插入排序算法

折半插入排序算法如下：

```
void BinInsertSort(RecType R[],int n)
{    int i, j, low, high, mid;
     RecType tmp;
     for (i=1;i<n;i++)
     {
          if (R[i].key<R[i-1].key)              //逆序时
          {
               tmp=R[i];                         //将 R[i]保存到 tmp 中
               low=0;   high=i-1;
               while (low<=high)                 //在 R[low..high]中查找插入的位置
               {
                    mid=(low+high)/2;            //取中间位置
                    if (tmp.key<R[mid].key)
                         high=mid-1;             //插入点在左半区
                    else
                         low=mid+1;              //插入点在右半区
               }                                 //找位置 high
               for (j=i-1;j>=high+1;j--)         //集中进行元素后移
                    R[j+1]=R[j];
               R[high+1]=tmp;                    //插入 tmp
          }
          printf("   i=%d: ",i);
          DispList(R,n);
     }
}
```

2. 折半插入排序的时间复杂度

折半插入排序：折半插入排序只能减少排序过程中关键字比较的时间，并不能减少记录移动的时间，在 R[0..i-1]中查找插入 R[i]的位置，折半查找的平均关键字比较次数为 lb(i+1)-1，平均移动元素的次数为 i/2+2，所以平均时间复杂度仍为 O(n^2)。

折半插入排序采用折半查找，查找效率提高，但元素移动的次数不变，仅仅将分散移动改为集合移动。

9.3　交　换　排　序

9.3.1　冒泡排序

冒泡排序是交换类排序方法中的一种简单的排序方法。其基本思想为依次比较相邻两个记录的关键字,若和所期望的相反,则互换这两个记录。

【例9.1】 设待排序的关键字序列是{9, 1, 5, 8, 3, 7, 4, 6, 2},用冒泡排序算法进行排序。

思路:假设待排序的关键字序列是{9, 1, 5, 8, 3, 7, 4, 6, 2},当i=1时,变量j由8反向循环到1,逐个比较,将较小值交换到前面,直到最后将最小值放置在了第1的位置。如图9.1所示,当i=1,j=8时,我们发现6>2,因此交换了它们的位置,j=7时,4>2,所以交换……直到j=2时,因为1<2,所以不交换。j=1时,9>1,交换,最终将最小值1放置第一的位置。事实上,在不断循环的过程中,除了将关键字1放到第一的位置,还将关键字2从第九的位置交换到了第三的位置,显然这一算法比前面的要更有效率,在上十万条数据的排序过程中,这种差异就会体现出来。图9.1中较小的数字如同气泡般慢慢浮到上面,因此就将此算法命名为冒泡算法。

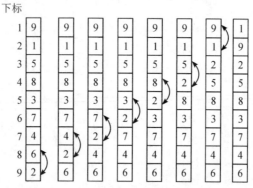

图9.1 当i=1时将最小值1冒泡到顶端

当i=2时,如图9.2所示,变量j由8反向循环到2,逐个比较,在将关键字2交换到第二位置的同时,也将关键字4和3有所提升。

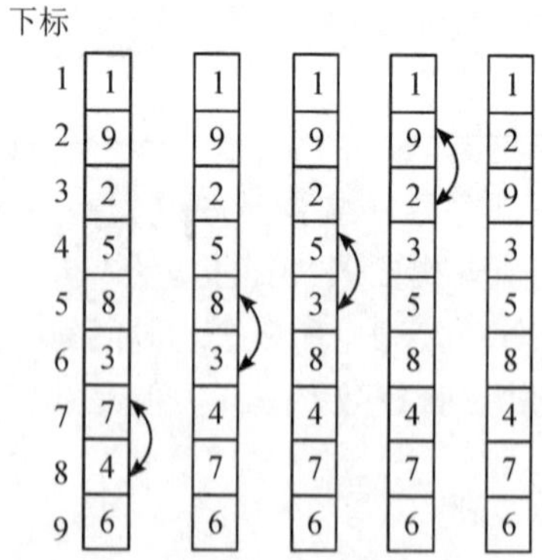

图9.2 当i=2时将次小值2冒泡到第二位置

后面不再一一赘述。

分析冒泡排序的时间复杂度:和直接插入相似,排序过程中所进行的"比较"和"移动"操作的次数取决于待排记录序列的状态,在待排记录处于"正序"时取最小值,此时只需进行一趟冒泡排序;反之,在待排记录处于"逆序"时取最大值,此时需进行n-1趟冒泡,如表9.2所示。

表 9.2 冒泡排序的时间复杂度

待排记录状态	"比较"次数	"移动"次数
正序	$n-1$	0
逆序	$\dfrac{n(n-1)}{2}$	$\dfrac{3n(n-1)}{2}$

在一趟冒泡的过程中，有可能只是在区段的前端进行记录的交换，而其后端记录已经按关键字有序排列。然而，一旦某一趟比较时不出现记录交换，说明已排好序了，就可以结束本算法。

由此，算法中设立了一个标志，一趟冒泡中是否进行了交换记录操作的布尔型变量 exchange。在每一趟冒泡之前均将它设为"FALSE"，一旦进行记录交换，则将它改为"TRUE"，因此 change=TRUE 是进行下一趟冒泡的必要条件。

改进后的冒泡排序算法如下：

```
void BubbleSort1(RecType R[],int n)
{    int i,j;
     bool exchange;
     RecType tmp;
     for (i=0;i<n-1;i++)
     {    exchange=false;                    //一趟前 exchange 置为假
          for (j=n-1;j>i;j--)                //归位 R[i],循环 n−i−1 次
               if (R[j].key<R[j-1].key)      //相邻两个元素反序时
               {    tmp=R[j];                //将这两个元素交换
                    R[j]=R[j-1];
                    R[j-1]=tmp;
                    exchange=true;           //一旦有交换，exchange 置为真
               }
          printf("   i=%d: ",i);
          DispList(R,n);
          if (!exchange)                     //本趟没有发生交换，中途结束算法
               return;
     }
}
```

思政感悟： 冒泡排序是一种简单的排序算法，它需要我们重复地走访数列，并且每次只能比较两个元素。这个过程需要有足够的耐心，不能急于求成。只有通过不断努力和重复，才能得到正确的结果。这启示我们在实际生活中，无论做什么事情都需要有耐心，只有不断地付出努力才能取得成功。同时，需要按照一定的顺序走访数列，并且每次只能比较和交换相邻的元素。这个过程需要循序渐进，按照一定的顺序和步骤来操作，不能随意跳跃或者省略步骤。这启示我们在学习和工作中，需要按照一定的计划和步骤来进行，不能盲目地追求速度而忽略了质量。

冒泡排序虽然是一种简单的排序算法，但是在实际应用中也可能会遇到一些问题。例如，当数据量很大时，冒泡排序的时间复杂度会变得很高。这时我们可以考虑其他的排序算法来进行优化。这启示我们在面对问题时，要勇于创新和改进，寻找更加高效和优化的解决方案。

总之，冒泡排序是一种经典的排序算法。它告诉我们无论做什么事情都需要有耐心、按照一定的计划和步骤来进行、注重团队合作和协作、勇于创新和改进。这些思想对于我们的生活和工作有着积极的启示作用。

9.3.2　快速排序

冒泡排序是通过一趟"冒泡"选定关键字最大的记录，所有剩余关键字均小于它的记录继续进行排序。快速排序则是通过一趟排序选定一个关键字介于"中间"的记录，从而使剩余记录可以分成两个子序列分别继续排序，通常称该记录为"枢轴"。假设一趟快速排序之后枢轴记录的位置为 i，则得到的无序记录子序列(1)R[s..i-1]中记录的关键字均小于枢轴记录的关键字；反之，得到的无序记录子序列(2)R[i+1..t]中记录的关键字均大于枢轴记录的关键字，由此这两个子序列可分别独立进行快速排序。

【例 9.2】　对关键字序列 (52, 49, 80, 36, 14, 75, 58, 97, 23, 61)进行快速排序。

思路：经第 1 趟快速排序之后为 (23, 49, 14, 36) 52 (75, 58, 97, 80, 61)，

经第 2 趟快速排序之后为 (14) 23 (49, 36) 52 (61, 58) 75 (80, 97)，

经第 3 趟快速排序之后为 (14, 23, 36, 49, 52, 58, 61, 75, 80, 97)。

快速排序的算法如下：

```
int count=0;
int partition(RecType R[],int s,int t)          //一趟划分
{
    int i=s,j=t;
    RecType tmp=R[i];                           //以 R[i]为基准
    while (i<j)                                 //从两端交替向中间扫描,直至 i=j 为止
    {   while (j>i && R[j].key>=tmp.key)
            j--;                                //从右向左扫描,找一个小于 tmp.key 的 R[j]
        R[i]=R[j];                              //找到这样的 R[j],放入 R[i]处
        while (i<j && R[i].key<=tmp.key)
            i++;                                //从左向右扫描,找一个大于 tmp.key 的 R[i]
        R[j]=R[i];                              //找到这样的 R[i],放入 R[j]处
    }
    R[i]=tmp;
    return i;
}
void QuickSort(RecType R[],int s,int t)         //对 R[s..t]的元素进行快速排序
{   int i;
```

```
            RecType tmp;
            if (s<t)                          //区间内至少存在两个元素的情况
            {    count++;
                 i=partition(R,s,t);
                 DispList(R,10);              //调试用
                 QuickSort(R,s,i-1);          //对左区间递归排序
                 QuickSort(R,i+1,t);          //对右区间递归排序
            }
        }
```

可以推证，快速排序的平均时间复杂度为 O (nlbn)，在三者取中的前提下，对随机的关键字序列，快速排序是目前被认为是最好的排序方法。如果借用冒泡排序中设置记录"交换与否"的布尔变量的做法，快速排序也适用于已经有序的记录序列。

思政感悟：快速排序采用分治策略，将大问题分解为小问题，逐个解决。这启示我们在解决复杂问题时，可以采取分解策略，将大问题分解为若干个小问题，逐一解决，最终达到解决大问题的目的。

同时，快速排序是一种高效的排序算法，它通过递归和分治策略来达到快速排序的目的。这启示我们在工作中要追求效率，尽可能地提高工作效率，以便更好地完成任务。

总之，快速排序是一种经典的排序算法。它告诉我们应该采取分治策略、递归思想、相互合作、追求效率等方法来解决问题。这些思想对于我们的生活和工作有着积极的启示作用。

9.4　选 择 排 序

9.4.1　简单选择排序

选择排序的基本思想是，在待排区段的记录序列中选出关键字最大或最小的记录，并将它移动到法定位置。第 i(i=1，2，…，n-1)趟的简单选择排序(序列中前 i-1 个记录的关键字均小于后 n-i+1 个记录的关键字)的做法是，在后 n-i+1 个记录中选出关键字最小的记录，并将它和第 i 个记录进行互换。

选择排序算法如下：

```
        void SelectSort(RecType R[],int n)
        {
            int i,j,k;
            RecType temp;
            for (i=0;i<n-1;i++)               //做第 i 趟排序
            {
                 k=i;
```

```
        for (j=i+1;j<n;j++)              //在当前无序区 R[i..n-1]中选 key 最小的 R[k]
            if (R[j].key<R[k].key)
                k=j;                     //k 记录目前找到的最小关键字所在的位置
            if (k!=i)                    //交换 R[i]和 R[k]
            {
                temp=R[i];
                R[i]=R[k];
                R[k]=temp;
            }
        printf("   i=%d: ",i); DispList(R,n);
    }
}
```

无论待排序列处于什么状态,选择排序所需进行"比较"的次数都相同,为 $\sum_{i=1}^{n-1}(n-i) = \frac{n(n-1)}{2}$,
而"移动"的次数在待排序列为"正序"时达最小为 0,在"逆序"时达最大为 3(n-1)。简单选择排序的最好、最坏和平均时间复杂度都为 $O(n^2)$。

9.4.2 堆排序

1. 堆的定义

一个序列 R[1..n],关键字分别为 k_1, k_2, $\cdots$, k_n。

该序列满足如下性质(简称为堆性质):

① $k_i \leqslant k_{2i}$ 且 $k_i \leqslant k_{2i+1}$ 或 ②$k_i \geqslant k_{2i}$ 且 $k_i \geqslant k_{2i+1}$ $(1 \leqslant i \leqslant \lfloor n/2 \rfloor)$

满足第①种情况的堆称为**小根堆**,满足第②种情况的堆称为**大根堆**。下面讨论的堆是大根堆。

将序列$\{a_1$, a_2, $\cdots$, $a_n\}$看成是一颗完全二叉树。

完全二叉树的层序编号方式如图 9.3 所示。

大根堆:对应的完全二叉树中,任意一个结点的关键字都大于或等于它的孩子结点的关键字。

最小关键字的记录一定是某个叶子结点!

如何判断一颗完全二叉树是否为大根堆?从编号为 n/2=3 的结点开始,逐一判断所有分支结点,所有分支结点满足定义,即为大根堆。图 9.4 是一个大根堆。

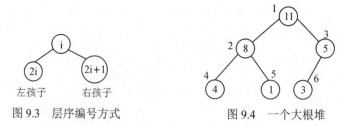

图 9.3 层序编号方式   图 9.4   一个大根堆

2. 堆排序算法设计

堆排序的关键是构造堆，这里采用筛选算法建堆。

所谓"筛选"指的是，对一棵左子树、右子树均为堆的完全二叉树，"调整"根结点使整个二叉树也成为一个堆。

筛选仅仅处理从根结点到某叶子结点路径上的结点。

仅仅处理从根结点到某个叶子结点路径上的结点。

n 个结点的完全二叉树高度为[lb(n+1)]，所有筛选的时间复杂度为 O(lbn)。

筛选或调整算法：

```
    void sift(RecType R[], int low, int high)    //调整堆的算法
    { int i=low,  j=2*i;            //R[j]是 R[i]的左孩子
      RecType tmp=R[i];
      while (j<=high)
      {
        if (j<high && R[j].key<R[j+1].key) j++;
          if (tmp.key<R[j].key)      //双亲小
          { R[i]=R[j];               //将 R[j]调整到双亲结点位置
            i=j;                     //修改 i 和 j 值，以便继续向下筛选
            j=2*i;
          }
          else break;                //双亲大：不再调整
      }
      R[i]=tmp;
    }
```

一颗完全二叉树调整成初始堆。

【例 9.3】　序列：{4, 3, 5, 2, 1, 6}, n=6，求初始堆。

思路：

初始状态如图 9.5 所示。

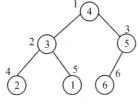

图 9.5　初始状态

从编号为 n/2=3 的结点开始，逐一进行筛选。

for (i=n/2;i>=1; i--)   //循环建立初始堆

　　sift(R, i, n);

筛选步骤如下：

(1) sift(R, 3, 6);

(2) sift(R, 2, 6);

(3) sift(R，1，6)；

故初始堆为(6，3，5，2，1，4)。

堆排序算法如下：

```
void HeapSort(RecType R[]，int n)
{ int i;  RecType tmp;
    for (i=n/2;i>=1;i--)              //循环建立初始堆
        sift(R，i，n);
    for (i=n; i>=2; i--)             //进行 n-1 次循环，完成堆排序
    {
        temp=R[1];                //R[1] ⇔ R[i]
        R[1]=R[i];   R[i]=tmp;
        sift(R，1，i-1);           //筛选 R[1]结点，得到 i-1 个结点的堆
    }
}
```

【例9.4】　设待排序的表有 10 个记录，其关键字分别为{16，18，17，19，10，11，13，12，14，15}。说明采用堆排序方法进行排序的过程。

解　排序序列：16，18，17，19，10，11，13，12，14，15，将其看成是一棵完全二叉树。

其初始状态如图 9.6(a)所示，依次从结点 10、19、17、18、16 调用 sift 算法，构建的初始堆如图 9.6(b)所示。

堆排序过程如图 9.7 所示，每归位一个元素(将其交换到有序区开头)，就对堆进行一次筛选调整。

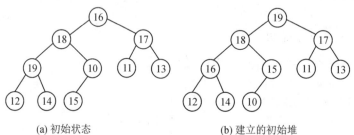

(a) 初始状态　　　　　　　　　(b) 建立的初始堆

图 9.6　建立初始堆

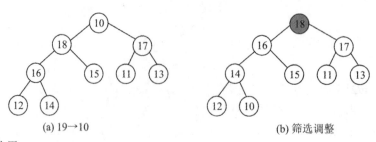

(a) 19→10　　　　　　　　　　(b) 筛选调整

第一趟结果：

10，18，17，16，15，11，13，12，14，**19**；

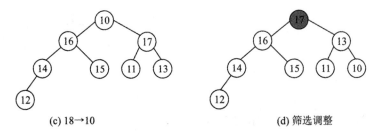

(c) 18→10　　　　　　　　　　(d) 筛选调整

第二趟结果：

10，16，17，14，15，11，13，12，**18**，**19**；

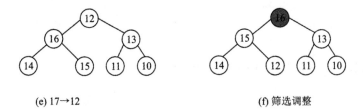

(e) 17→12　　　　　　　　　　(f) 筛选调整

第三趟结果：

12，16，13，14，15，11，10，**17**，**18**，**19**；

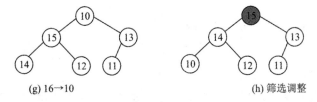

(g) 16→10　　　　　　　　　　(h) 筛选调整

第四趟结果：

10，15，13，14，12，11，**16**，**17**，**18**，**19**；

(i) 15→11　　　　　　　　　　(j) 筛选调整

第五趟结果：

11，14，13，10，12，**15**，**16**，**17**，**18**，**19**；

(k) 14→11　　　　　　　　　　(l) 筛选调整

第六趟结果：

11，12，13，10，**14**，**15**，**16**，**17**，**18**，**19**；

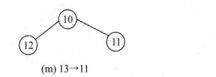 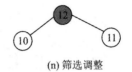

| (m) 13→11 | (n) 筛选调整 |

第七趟结果：

10，12，11，**13**，**14**，**15**，**16**，**17**，**18**，**19**；

| (o) 12→11 | (p) 筛选调整 |

第八趟结果：

11，10，**12**，**13**，**14**，**15**，**16**，**17**，**18**，**19**；

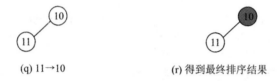

| (q) 11→10 | (r) 得到最终排序结果 |

第九趟结果：

10，**11**，**12**，**13**，**14**，**15**，**16**，**17**，**18**，**19**。

图 9.7　堆排序过程

3. 堆排序算法分析

对高度为 h 的堆，一次"筛选"所需进行的关键字比较的次数至多为 2(h-1)。

对 n 个关键字，建成高度为 h(=lbn+1)的堆，所需进行的关键字比较的次数不超过 4n。

调整"堆顶"n-1 次，总共进行的关键字比较的次数不超过：

$$2\,(\text{lb}(n-1) + \text{lb}(n-2) + \cdots + \text{lb}\,2) < 2n(\text{lb}\,n)$$

因此，堆排序的时间复杂度为 O(n lb n)。

空间复杂度为 O(1)，不稳定。

【例 9.5】 设有 1000 个无序的整数，希望用最快的速度挑选出其中前 10 个最大的元素，最好选用(　　)排序方法。

A. 冒泡排序　　　　B. 快速排序　　　　　C. 堆排序　　　　D. 直接插入排序

思路：

n=1000，k=10，冒泡排序的大致时间：kn，堆排序的大致时间：4n+k lb n。

本 章 小 结

本章的学习要点主要围绕排序展开，包括排序的相关概念及多种排序算法。其中，插入排序算法包括直接插入排序与折半插入排序，交换排序算法包括冒泡排序与快速排序，选择排序算法包括简单选择排序和堆排序。

习　　题

一、单项选择题

1. 从未排序序列中依次取出元素与已排序序列中的元素进行比较，并将其放入已排序序列的正确位置上的方法，这种排序方法称为(　　)。

A. 归并排序　　　　B. 冒泡排序　　　　C. 插入排序　　　　D. 选择排序

2. 从未排序序列中挑选元素，并将其依次放入已排序序列(初始时为空)的一端的方法，这种排序称为(　　)。

A. 归并排序　　　　B. 冒泡排序　　　　C. 插入排序　　　　D. 选择排序

3. 对 n 个不同的关键字由小到大进行冒泡排序，在下列(　　)情况下比较的次数最多。

A. 从小到大排列好的　　　　　　　　B. 从大到小排列好的

C. 元素无序　　　　　　　　　　　　D. 元素基本有序

4. 对 n 个不同的排序码进行冒泡排序，在元素无序的情况下比较的次数最多为(　　)。

A. n+1　　　　　　B. n　　　　　　　C. n−1　　　　　　D. n(n−1)/2

5. 快速排序在下列(　　)情况下最易发挥其长处。

A. 被排序的数据中含有多个相同排序码

B. 被排序的数据已基本有序

C. 被排序的数据完全无序

D. 被排序的数据中的最大值和最小值相差悬殊

6. 对 n 个关键字作快速排序，在最坏情况下，算法的时间复杂度是(　　)。

A. O(n)　　　　　　B. O(n^2)　　　　C. O(n lb n)　　　D. O(n^3)

7. 若一组记录的排序码为(46，79，56，38，40，84)，则利用快速排序的方法，以第一个记录为基准得到的一次划分结果为(　　)。

A. 38，40，46，56，79，84

B. 40，38，46，79，56，84

C. 40，38，46，56，79，84

D. 40，38，46，84，56，79

8. 下列关键字序列中，(　　)是堆。

A. 16，72，31，23，94，53

B. 94，23，31，72，16，53

C. 16，53，23，94，31，72

D. 16，23，53，31，94，72

9. 堆是一种(　　)排序。

A. 插入　　　　　　B. 选择　　　　　　C. 交换　　　　　　D. 归并

10. 堆的形状是一棵(　　)。

A. 二叉排序树　　　　　　　　　　B. 满二叉树

C. 完全二叉树　　　　　　　　　　D. 平衡二叉树

二、填空题

1. 若一组记录的排序码为(46，79，56，38，40，84)，则利用堆排序的方法建立的初始堆为 _____ 。

2. 数据表中有 10000 个元素，如果仅要求求出其中最大的 10 个元素，则最节省时间的算法是_____。

3. 简单选择排序算法的比较次数为_____。

4. 已知小根堆为 8，15，10，21，34，16，12，删除关键字 8 之后需重建堆，在此过程中，关键字之间的比较次数是_____。

三、应用题

设待排序的关键字序列为{12，2，16，30，28，10，20，6，18}，使用冒泡排序方法，并写出每趟排序结束后关键字序列的状态。

参 考 文 献

[1] 严蔚敏，吴伟民. 数据结构(C 语言版)[M]. 北京：清华大学出版社，2012.

[2] 李春葆. 数据结构教程[M]. 5 版. 北京：清华大学出版社，2017.

[3] 陈媛. 算法与数据结构[M]. 北京：清华大学出版社，2005.

[4] 殷人昆，陶永雷，谢若阳，等. 数据结构：用面向对象方法与 C++描述[M]. 北京：清华大学出版社，1999.

[5] 袁和金，牛为华，李宗尼. 数据结构(C 语言版)[M]. 北京：中国电力出版社，2012.

[6] 程杰. 大话数据结构[M]. 北京：清华大学出版社，2011.

[7] 胡学钢. 数据结构算法设计指导[M]. 北京：清华大学出版社，1999.

[8] 朱战立. 数据结构：使用 C++语言[M]. 2 版. 西安：西安电子科技大学出版社，2001.

[9] CLIFFORD A S. A practical introduction to data structures and algorithm analysis [M]. BeiJing：Publishing House of Electronics Industry，2002.

[10] 徐孝凯，王凤禄. 数据结构简明教程[M]. 2 版. 北京：清华大学出版社，2006.

[11] 张铭，王腾蛟，赵海燕. 数据结构与算法[M]. 北京：高等教育出版社，2008.

[12] 黄杨铭. 数据结构[M]. 北京：科学出版社，2001.

[13] 赵文静. 数据结构：C++语言描述[M]. 西安：西安交通大学出版社，1999.

[14] 苏光奎，李春葆. 数据结构导学[M]. 北京：清华大学出版社，2002.

[15] 宁正元，王秀丽. 算法与数据结构[M]. 北京：清华大学出版社，2006.